地质体三维模型构建及不确定性分析
Three-dimensional Geological Modeling and Uncertainty Analysis

李 江　梁 栋　徐江嬿　刘修国　著

图书在版编目(CIP)数据

地质体三维模型构建及不确定性分析/李江等著．—武汉：中国地质大学出版社，2024.4
ISBN 978-7-5625-5803-3

Ⅰ.①地… Ⅱ.①李… Ⅲ.①三维-地质模型-计算机辅助设计 Ⅳ.①P628-39

中国国家版本馆 CIP 数据核字(2024)第 055599 号

地质体三维模型构建及不确定性分析	李江 梁栋 著
	徐江嫕 刘修国

责任编辑：彭 琳	责任校对：张咏梅

出版发行：中国地质大学出版社(武汉市洪山区鲁磨路388号)	邮编：430074
电 话：(027)67883511 传 真：(027)67883580	E-mail:cbb@cug.edu.cn
经 销：全国新华书店	http://cugp.cug.edu.cn
开本：787毫米×1092毫米 1/16	字数：288千字 印张：11.25
版次：2024年4月第1版	印次：2024年4月第1次印刷
印刷：武汉中远印务有限公司	
ISBN 978-7-5625-5803-3	定价：68.00元

如有印装质量问题请与印刷厂联系调换

序

FOREWORD

  矿产资源是人类赖以生存的物质基础，优化矿产资源开发结构、科学确定开采总量，实现矿产资源高效利用和有效保护，需要充分利用数字化技术提高地质空间信息的数据处理能力。建立感知可视、交互分析的地质体三维模型对提高矿产资源的预测与评价分析能力起着至关重要的作用。同时，在城市地下空间开发利用、地质灾害防治、资源调查等领域，地质体三维模型为勘察设计、施工操作与监测预警等工作的深入开展提供了可靠的地质依据。

  地质体三维建模涵盖地质学、地球物理学、岩土工程、计算机图形学、地理信息系统等多个学科，所建立的地质体模型是对复杂地质现象的近似表达。地质空间结构的复杂性、成矿作用的多样性及地质数据变异性与方向性的存在，使得不确定性成为地质体三维模型固有且不可回避的问题，为提高模型的准确性和可用性，对其不确定性进行研究与评价极其必要。

  《地质体三维模型构建及不确定性分析》依据地学认知由粗到精、由黑到白、逐步细化的规律和特点，从矿产开发实际出发，全面介绍了地质体三维模型构建与不确定性分析的研究成果，包括地质体三维建模理论与方法、基于语义尺度的地质体三维多模型构建、地质体三维模型不确定性来源与传递、地质体三维属性模型不确定性定量分析、多源不确定性整合与评价、多地层结构联合不确定性建模等内容，详细阐述了上述理论研究成果在矿山开采、地层结构预测、地质体质量评价等方面的应用过程。

  地质体三维建模方面的研究成果很多，但仍有很多工程问题亟待解决，这些待解难题涉及的工作量巨大，需要扎实的工作经验与熟练的编程技能，研究费力还难出彩。李江教授及其科研团队能够坚持该领域的研究方向，难能可贵。

  本专著学术思想新颖，研究思路清晰，填补了地质体三维建模理论和方法的多项空白，研究建立的方法体系具有重要的理论意义和实用价值。

中国科学院院士
中国地质大学教授
2024 年 1 月 19 日

前 言
FREFACE

  地质体三维模型是根据研究区域所获取的钻孔、地球物理测量、剖面或者地质填图等数据构建的关于地球特定区域的拓扑、几何和属性的数字化实体模型,是对研究区域地质情况的直观表达。随着数字矿山、玻璃地球等数字孪生应用与探索的深入,作为对实际复杂地质现象的一种近似表达,地质体三维模型的构建与评价受到国内外众多地质工作者的关注。地质空间结构复杂性与地质现象不确定性的存在,使得地质体三维模型应用于勘察工程、矿山开采和不确定性分析过程的关键技术成为地学信息领域的热点与瓶颈。

  数字矿山是对真实矿山及其相关现象的统一认识与数字化再现,是以数字化手段对矿山实体、矿山开发与管理过程进行真实反映的"虚拟矿山"。数字矿山建设是指以计算机和网络技术为基础,将矿山空间数据进行采集、传输、存储、解释、加工和重新表述,使数字矿山应用在矿山生产和管理过程中,达到生产方案优选化、管理高效化和目标决策科学化的最终目的。矿山三维建模与可视化技术是实现数字矿山建设的核心技术,是根据特定数据结构,建立能够表达矿床地质结构特征的数学模型,是运用计算机三维可视化进行显示并对模型属性信息进行分析研究的过程。矿山三维模型为矿山企业在勘探设计、施工计划、目标决策等方面提供了有效的地质依据和实用参考,矿山三维模型的建立是矿山数字化进程的重要步骤。

  矿山开采过程中,矿山企业在预测、评价、设计等各方面对三维模型有着不同层次的需求:在资源评价阶段,需要预测矿山在开采和运输过程中可采储量的特征变化情况;在采矿设计阶段,需要根据矿石品位的波动性来编制采矿计划与配矿方案;在生产勘探回采阶段,需要对矿石三级储量中的备采储量进行精确估算。针对这些不同目的,要求所建立的矿山地质体三维模型能实现对矿体全局性、波动性、精确性的真实反映,对于矿山空间实体的这种多粒度特性,传统地质体三维模型的建模方法和单粒度显示方式显然具有一定的局限性。因此,根据地质过程认知的多尺度特点,结合模型构建过程中所采用的不同插值计算方法,建立具备不同层次和特性的矿山多模型序列,能多层面地满足矿山企业对矿山地质体三维模型的应用需求,并能有效地提高矿山企业的设计能力和生产效率。

  受地质体自身的不稳定性、地质结构的复杂性、建模数据的稀疏性、建模人员认识的主观性等多方面影响,地质体三维模型仅是对客观地质实体的一种近似描述,不可避免地存在一定程度的不确定性,各种来源的不确定性不断传播和累积往往会使地质模型的空间精度、形态、拓扑关系等与客观实体存在着偏差,导致地质模型质量下降。为保证模型的可用性,应考虑多源不确定性对模型质量的综合影响。同时由于变量间的相关性会影响对不确定性的估计,在涉及多个地层的地质结构进行分析预测时,需考虑地层内部的空间自相关和地层间的互相关对信息和不确定性传递的影响。因此，通过对地质模型的不确定性来源进行归纳总结，对建模过程中的误差传递机制进行有效分析，在模型不确定性的形式化表达和定量分析过程中实现对模型的质量评价，可最大限度地提高模型的实用价值。

笔者在国内外三维地学模拟发展前沿及研究成果的基础上，对地质空间数据模型、三维建模方法、地质统计学与空间信息预测的基础理论及关键技术进行了研究，归纳了地质体三维模拟的基本原理和实施过程，深化了对三维空间地质实体及其建模方法的认识，以结构模型和属性模型为研究对象，对地质体三维模型在矿山生产、模型质量评价等方面的应用瓶颈问题进行深入研究和探索。

在地质体三维属性模型方面，结合地学认知与矿山地质过程，从语义尺度的角度提出了矿产生产过程中属性多模型的建模原理与方法，以三维建模过程中的不确定性的来源分析与误差传递过程为出发点，提出了三维属性建模不确定性传递模型。将信息熵理论和分析方法扩展应用至矿山地质体三维模型的不确定性研究中，实现了属性模型不确定性的定量分析及模型修正过程，为矿山企业应用三维模型进行生产设计、决策支持、储量评估等提出了新的思路。在地质体三维结构模型方面，以多源不确定性整合下的模型质量评价和多地层结构联合不确定性评价为研究方向，通过研究多源不确定性对地质结构模型的综合影响，提高模型不确定性评价的准确性，并将不确定性分析的对象从单个点位扩展到涉及多地层的空间邻域，分析多地层结构联合不确定性，从而对地质结构的各种可能形态做出定量化的推测，扩展了地质不确定性评估的应用场景，为生产决策提供更准确、更全面的评估和预测服务。

本书主要研究内容如下。

第1章：从地质体三维建模技术与模型的不确定性两个方面分析了该领域国内外研究现状，就目前我国矿山企业应用三维模型在设计、生产、决策等方面所面临的问题做了简要分析，总结了矿山企业对三维模型的多层次应用和质量评价需求，同时针对目前地质体三维模型不确定性评价过程中的多源误差整合和不确定性联合建模进行了深入探讨。

第2章：论述了地质三维空间数据模型基本概念及基本理论，对空间数据模型的定义和特点进行了详尽描述，对面元模型、体元模型、混合模型和集成模型的组成、特点及应用领域加以详细对比，阐述了地质统计学理论与空间信息预测方法在地质体三维建模过程中的作用，通过对地质体三维模型构建的表达方法、数据结构与体系结构的阐述与研究，为本书地质体三维模型构建及其不确定性研究提供了理论参考与借鉴。

第3章：阐述了地学认知与矿山地质过程的特点，对地质数据的多尺度特征及其语义内涵进行了详细论述，在地质体三维建模理论和地质统计学的基础上，根据矿山地质体三维模型应用过程中的多粒度、多层次特点，提出了语义三维尺度结构的概念。基于语义三维尺度结构，根据地质过程的不同语义层次和矿山地质模型的不同应用范围，利用克里格(Kriging)估值和随机模拟算法，提出了语义三维尺度下的矿山地质多模型序列构建原理和方法，使建立的三维模型能够在矿体全局性、波动性、精确性等方面满足矿山企业不同阶段的多应用需求。同时，在多模型的建立过程中，采用置信度参数对模拟计算进行约束，实现了模拟算法语义粒度的量化表达。

第 4 章:对地质体三维模型构建过程中的不确定性来源、不确定性传递模型及其算法实现进行了详细的分析描述,在对建模流程和特点进行分析的基础上,将不确定性的来源划分为数据采集和测量误差导致的不确定性、数据的不完整性和不一致性、随机不确定性、认知不完整引起的不确定性、建模软件引起的不确定性五类。以人工智能不确定性推理理论为依据,采用可信度方法对模型的不确定性传递模型进行描述,通过对可信度 C-F 模型的改进,提出了基于证据不确定性推理的地质体建模不确定性传递算法,并对传递模型的相关算法进行了详细描述。

第 5 章:对信息熵的定义及性质进行论述与分析,将信息熵方法引入地质体三维属性模型不确定性研究过程,建立了一种有效的模型不确定性定量分析途径——利用栅格划分方式,将地质体三维模型离散化为等同大小的栅格块体,针对每一个体素进行多次模拟计算以确定其概率指标,利用模拟计算得到的概率场计算该体素的信息熵,从而利用信息熵值来标识每个体素的不确定性,最终完成对整个三维模型的不确定性定量分析、评价及可视化工作。提出了地质体三维属性模型的不确定性定量分析、模型误差检测与修正的技术框架和实现步骤,对其中的关键算法做出相应描述。

第 6 章:利用某矿区在矿山开采不同阶段的地质资料与数据,以铜矿地质体三维属性模型为例,构建了不同语义尺度下的矿山地质体多模型序列,通过比较频率直方图、变差函数图及取样插值点数据精度,验证了依据不同语义尺度建立的地质体三维属性模型具备全局性、空间相关性和精确性等多层次特性。基于信息熵方法对实验矿区的资源储量模型进行不确定性定量分析,以定量分析结果为依据,确定补充钻孔的范围和位置,实现三维模型的修正过程。通过实验前后对比,取得了模型不确定性减少、储量估算数据精度逐渐增加的效果,验证了笔者提出的地质体三维模型不确定性定量分析方法的有效性与可行性。

第 7 章:考虑数据误差、建模方法的不确定性和建模者的认知偏差三类不确定性对模型质量的综合影响,提出了一种基于贝叶斯的地质体三维结构模型的多源不确定性整合方法,全面评估地质模型的综合不确定性。该方法首先利用贝叶斯最大熵方法将数据误差和建模方法的不确定性整合为地层面高程的先验概率分布,然后将已有模型视为最佳猜测,构建建模者认知偏差的似然函数,对地层面高程的先验概率分布进行贝叶斯更新得到后验分布,最后根据地层间的接触关系,计算各地层属性的条件分布,以信息熵为不确定度指标,评价地质模型综合不确定性的大小和空间分布。利用该方法,以某地实验区块为研究目标,评估了该地地质体三维结构模型的综合不确定性,分析了模型在整合过程中不确定性的变化和空间分布。同时,实验验证了多源不确定性整合方法的有效性。

第 8 章:针对单一位置上地质模型不确定性分析的局限性,在藤 Copula 理论的基础上发展一种基于空间 R 藤 Copula 的多地层结构联合不确定性建模方法。该方法可以对涉及多个位置、多个地层的复杂地质场景进行联合不确定性分析,提高地层结构形态预测的准确性。首先,通过分析沉积地层面的空间自相关和地层间的互相关,利用 Copula 方法描述地层变量间的相关结构;然后,针对沉积地层场景,根据地质规则构建藤 Copula 描述空间邻域中多个地层变量的复杂相关结构,并结合空间 Copula 方法,建立空间 R 藤 Copula 模型;最后,计算多地层变量的联合分布和条件分布函数,分析多个地层的联合不确定性,预测多地层数据约束的地层结构形态。以某地第四系沉积地层为实验区块,利用该方法对多地层的几何形态进行不确定性分析实验,验证了空间 R 藤 Copula 方法的可行性。

第 9 章:对本书研究工作进行全面总结,提出了下一步研究和探索方向。

本书的主要成果如下。

(1)在对地理信息空间尺度结构研究的基础上,结合地质体三维建模理论和方法,根据矿山生产实际需求,提出了地质体三维模型语义三维尺度结构概念,以模拟和估值为空间信息预测算法基础,构建了基于语义尺度的地质体三维属性多模型序列,实现了地质体模型的多粒度表达。

(2)提出了置信度约束下的模拟插值算法模型,实现了算法语义粒度的量化表达。针对传统的地质模型建模方法,基于语义尺度的地质体三维属性多模型建模原理,对建模流程进行了改进。

(3)对地质体三维建模过程中的不确定因素进行了归纳总结,以人工智能不确定性推理理论为基础,基于可信度方法,建立了地质体建模不确定性传递模型,提出了不确定性推理网络结构及不确定性传递步骤。针对矿山地质体三维建模的特性,对可信度方法的 C-F 模型规则进行了完善,并对相关算法进行了描述。

(4)将信息熵理论与分析方法应用于地质体三维模型不确定性研究过程中,确定了以信息熵为测度方法的模型不确定性定量分析技术框架和实现步骤,实现了地质属性模型的不确定性定量分析过程。

(5)提出了一种基于贝叶斯的地质体三维模型多源不确定性整合方法。该方法利用贝叶斯框架整合多源不确定性,考虑了数据误差、建模方法的不确定性和建模者的认知偏差对模型质量的影响,评估了地质体三维结构模型的综合不确定性。

(6)发展了一种基于空间 R 藤 Copula 的多地层结构联合不确定性建模方法。该方法基于区域化变量和 Copula 理论构建多地层相关结构模型,实现了对涉及多个位置、多个地层的复杂地质场景的联合不确定性分析,以及多地层数据约束的地层结构形态预测。

本书在作者已有的研究基础上,结合湖北省自然资源科技项目(项目编号:ZRZY2023KJ01)有关研究成果编写而成,项目由中国地质大学(武汉)、湖北省自然资源厅信息中心、湖北省自然资源厅地质勘查基金管理中心共同承担。本书第 1 至第 4 章由李江编写,第 5 章、第 6 章由李江、徐江嬿共同编写,第 7 章、第 8 章由梁栋编写,全书由李江统稿,经刘修国教授指导与审定。全书在编写过程中,得到了原湖北省地质矿产勘查开发局李松生副总工程师,中国地质大学(武汉)陈启浩教授、花卫华教授的悉心指导和帮助,在此一并表示衷心感谢。由于作者水平有限,书中错误疏漏难免,恳请读者批评指正。

李 江
2023 年 11 月

目 录
CONTENTS

1 绪 论/(1)
    1.1 引 言/(2)
    1.2 地质体三维建模技术/(3)
    1.3 地质体三维模型不确定性/(5)
    1.4 地质体三维建模软件/(8)
    1.5 存在问题与研究内容/(10)
    参考文献/(11)

2 地质体三维建模理论与方法/(16)
    2.1 地质体三维空间数据模型/(17)
    2.2 空间信息预测与地质统计学/(26)
    2.3 讨论与小结/(32)
    参考文献/(33)

3 基于语义尺度的地质体三维多模型构建/(35)
    3.1 地质体三维建模与矿山地质过程/(36)
    3.2 基于语义尺度的矿山多模型构建原理/(39)
    3.3 矿山地质体多模型语义尺度设定的相关算法/(42)
    3.4 基于语义尺度的矿山地质体多模型构建过程/(45)
    3.5 讨论与小结/(49)
    参考文献/(49)

4 地质体三维模型不确定性来源与传递/(51)
    4.1 GIS空间信息不确定性/(52)
    4.2 地质体三维模型不确定性来源/(55)
    4.3 地质体三维模型的不确定性传递/(57)
    4.4 地质体三维模型不确定性传递模型算法实现/(62)
    4.5 地质体三维属性模型不确定性传递算法实现/(65)
    4.6 讨论与小结/(69)
    参考文献/(69)

5 地质体三维属性模型不确定性定量分析/(71)

5.1 不确定性与信息熵分析/(72)
5.2 基于信息熵的地质体模型不确定性分析/(75)
5.3 地质体三维属性模型不确定性分析/(79)
5.4 讨论与小结/(84)
参考文献/(84)

6 矿山地质体多模型构建与不确定性分析应用/(86)

6.1 矿区概况与实验准备/(87)
6.2 矿山地质体多模型构建/(90)
6.3 地质体三维属性模型不确定性分析/(98)
6.4 讨论与小结/(102)
参考文献/(103)

7 地质体三维模型多源不确定性整合与评价/(104)

7.1 地层面高程随机函数/(105)
7.2 多源不确定性整合方法/(107)
7.3 测量误差与建模方法的不确定性的整合/(108)
7.4 考虑认知偏差的不确定性更新/(110)
7.5 三维地层属性不确定性/(112)
7.6 地质体三维模型综合不确定性/(113)
7.7 地质体三维结构模型不确定性综合评价实例/(114)
7.8 讨论与小结/(122)
参考文献/(123)

8 多地层结构联合不确定性建模/(125)

8.1 基于接触点高程函数的多地层结构描述/(126)
8.2 地层面相关结构分析/(127)
8.3 基于 Copula 的多维相关建模理论/(132)
8.4 基于藤 Copula 的多地层相关结构建模/(144)
8.5 多地层结构形态预测与不确定性分析方法/(150)
8.6 针对断层等情况的处理/(153)
8.7 多地层联合不确定性分析实例/(155)
8.8 讨论与小结/(165)
参考文献/(166)

9 结　语/(168)

1 绪论

1.1 引　言

自 20 世纪 80 年代后期以来,美国、加拿大、澳大利亚等发达国家在地理信息系统的基础上提出了虚拟地质建模和可视化的概念(3D Geological Modeling and Visualization)(武强和徐华,2011)。地质体三维建模成为涵盖勘探地理信息系统、勘探地质学、数学地质、地球物理、科学可视化、虚拟现实等多学科的新型研究领域。20 世纪 90 年代后期,数字地球(Digital Earth)概念出现,其目的是对地球实现数字化和可视化表达,最终达到空间信息的多分辨率和多尺度交互应用目的,数字地球将全球有关数字参考信息的交换和发布变成了可能。随着对虚拟地质建模技术的深入探索,地质科学工作者开始面临新的机遇并开展了在新领域下的研究工作(吴立新和古德生,2009)。

地质体三维建模和可视化是利用计算机技术构建虚拟的地质环境,在三维环境下将地质空间内采集的地表、地下等地质数据进行汇总、集成、分析、解释、模型构造、可视化显示的综合技术。该技术涵盖三个方面内容。

(1) 地质环境虚拟化。在计算机生成的虚拟地质环境里,地质工作者能对复杂的地下空间数据进行可视化和交互操作。

(2) 三维模型构造。对多源数据进行地质解释并汇总整合,利用三维空间几何模型表达地质体或地下工程内部的有关物理和化学属性,并将多源异构数据在虚拟空间进行高度集成和显示。

(3) 可视化与分析。在地质体三维模型的基础上进行空间显示、空间计算、空间分析。

地质体三维模型的应用极为广泛,可为地质空间分析、地质构造演化、矿山开采过程模拟、矿产资源评价等科学研究和工程应用提供直观和清晰的技术支撑。笔者以矿山开采过程和地质结构模型不确定性为研究方向,以地质体三维模型中的属性模型与结构模型为研究实体,对矿山开采过程中的决策规划、储量评估及地质体质量评估与模型修正进行了深入探讨与研究。

数字矿山(Digital Mine)是在矿山 GIS 的基础上深化而来,是对真实矿山整体及现象的统一认识与数字化再现(武强和徐华,2011)。数字矿山以计算机和网络技术为基础,对矿山空间的数据进行采集、传输、存储、解释、加工和重新表述,使该数据应用在矿山生产和管理过程中,最终达到生产方案优选化、管理高效化和目标科学化的目的。数字矿山依托地质体三维建模和可视化技术,对真实矿山及有关现象进行了数字化再现,并利用空间分析、虚拟现实、科学计算等技术为矿山挖掘、资源评价、安全生产、科学决策等提供了数字平台和理论支撑。

近年来,随着数字矿山技术的蓬勃发展,地质体三维建模理论与技术在采矿领域得以广泛应用,数字化三维建模及采矿软件在矿山生产中起到了重要作用,尤其是矿山地下三维建模技术在提高矿山的生产效率和安全性等诸多方面起到了极大的推动作用。但在建设数字化矿山的进程中,如何满足矿山企业对地质体三维模型的不同层次应用需求,如何对地质模型进行质量评价,诸如此类的问题在该领域还未取得实质性突破,相关理论与方法的研究仍是三维建模领域的科技难题并成为地质空间信息化进程的瓶颈。

矿山开采过程中,矿山企业在预测、评价、设计等各方面对矿体地质模型有着不同层次的需求。在矿山资源评价阶段,需要预测矿山在开采和运输过程中可采储量的特征变化情况;在矿山采矿设计阶段,需要根据矿石品位和矿体厚度的波动性来编制采矿计划与配矿方案;在矿山生产勘探回采阶段,需要对矿石三级储量中的备采储量进行精确估算。矿山企业的不同应用目的,要求所建立的地质模型具备多尺度、多层次的数据基础,地质体三维模型的传统建模方法和单粒度显示方式显然无法体现矿山地质空间实体的多粒度特性。因此,根据矿山地质过程认知的多尺度特点,结合地质体三维属性模型构建过程中不同的插值计算方法,建立具有不同层次和特性的地质体三维属性多模型序列,将极大提高矿山企业的设计能力和生产效率。

在地质体三维模型的构建过程中,受地质体自身存在的不稳定性、地质结构的复杂性、建模数据的稀疏性及地质建模人员认识的主观性等多方面影响,建模中的各种不确定性因素降低了模型的精确度,建立的地质模型不可避免存在一定程度的不确定性,这些不确定性往往使地质结构模型的空间精度、形态、拓扑关系与实际存在一定程度的偏差,限制了模型的进一步应用水平。因此,有必要对模型的不确定性进行评估。为保证模型的可用性,应对建模过程中的误差传递机制进行分析,建立地质体三维模型不确定性传递模型并实现定量分析,同时,应考虑多源不确定性对模型质量的综合影响,以及由于变量间的相关性会影响不确定性的估计,对涉及多个地层的地质结构进行分析预测时,需要考虑地层内部的空间自相关和地层间的互相关对信息和不确定性传递的影响。笔者旨在通过研究多源不确定性对地质模型的综合影响,提高模型不确定性评价的准确性,并将不确定性分析的对象从单个点位扩展到涉及多地层的空间邻域,分析多地层结构的联合不确定性,最后通过考虑地层间的相关结构约束修正地质模型,降低模型的不确定性,提高模型的建模精确度。

基于以上地质体三维建模领域所面临的问题,笔者将在以下几个方面进行深入探讨与研究:在矿山企业地质体三维模型多层次应用方面,以地质体三维属性模型全局性、波动性及精确性的多层次表达为研究对象,深入探讨矿山地质体三维多模型构建技术;同时,根据属性模型构建过程中不确定性传递模型与相关算法,实现地质体三维属性模型不确定性的定量分析与评价。在地质体三维模型不确定性评价方面,对建模过程中多源不确定性的传播和累积,以及地质变量间的相互作用等基础性问题展开深入研究,并将这些基础性问题的研究成果应用到地质体三维属性模型和地质体三维结构模型的不确定性分析评价中。

1.2 地质体三维建模技术

20世纪90年代初期以来,地质体三维建模随着科学计算可视化技术和地质信息计算机模拟技术的发展开始引起地质工作者的重视,并逐渐成为数学地质、石油勘探、岩土工程、GIS 和科学计算可视化领域的研究与应用热点(吴立新和史文中,2005;朱良峰,2005),相关专家和学者在这方面已进行了卓有成效的探索和研究。地质体三维建模最初的构模技术为三维块段模型,随着相关技术的发展,其中的真三维地层构建、地面与地下空间的统一表达、三维空间分析、三维地层过程模拟等已成为多学科交叉的技术前沿和攻关热点。随着学科交叉的深入,真三维建模、集成建模、细节层次(Levels of Detail,LOD)表达、模型更新、模型可靠性等众多方面在理论上和技术上均还需进一步突破创新。国外在三维建模方面的研究起步较早,从数据模型、地质体三维模型构建方法和模型的不确定性分析等方面展开研究,已取得了一些初步的研究成果(Lajaunie et al.,1997;Joe,1991;Molenaar,1992;Houlding,2000;Li,1994;Volker,2003)。地质体三维建模技术在我国起步较晚,一度进展缓慢,随着"数字中国"对可视化技术的需求加大,建模技术理论逐渐得到了发展和突破。

作为三维空间中对地质体数据的映射与表达,地质体三维建模是指结合计算机图形学、地理信息系统三维模型等理论方法,基于地质数据可视化技术对地质体、地质现象和地质过程进行三维数字化的映射与孪生过程,为科学研究和利用地质空间提供一个集成、解释与可视化分析的虚拟地质环境。地质体通常具有不规则的空间几何形态与属性分布,且断层、岩墙等将早期老地层切割,形成不连续、不整合的空间分布实体,造成地下建模空间包含了逆断层、岩丘、倒转褶皱、侵入矿体和岩体等多值面的地质现象,因此在建模过程中需要处理非常复杂的地质体形态及其空间关系。地质体三维建模主要包括矿体建模、矿床建模和矿山围岩三维地质结构建模等。早期的建模方法以人工交互为主,建模效率不高。随着地质数据规模的不断增长,人们对地质体三维建模提出了支持定量计算和不确定性分析的更高要求。自加拿大的 Houlding 教授提出地质体三维建模概念以来,建模技术经历了由交互式显式建模技术向快速隐式建模技术的发展过程(Houlding,2012)。建模的效率和准确性是衡量建模方法的两个主要指标。建模的效率主要取决于地层曲面构建方法的选择和构建的过程,准确性主要取决于建模数据源的选择与关键信息提取、曲面构建的算法质量以及曲面冲突关系的处理(Chilès et al.,2007)。

(1)显式建模。主要利用建模数据源中的原始点位和特征线等进行加密插值,通过带约束 Delaunay 三角剖分算法或轮廓线拼接算法,借助人工交互约束部分地质规则,按照地层层序逐层构建地层面和构造面,交互式建立地质体三维模型(Hillier et al.,2014;屈红刚等,2008)。其中,Mallet 等提出采用离散光滑插值(Discrete Smooth Interpolation,DSI)算法,对空间点位进行插值,进而模拟地层曲面模型(Frank et al.,2007)。侯卫生等(2006)提出基于线框单元体模型,利用平面地质图中的地层等值线和断层线数据,通过人工交互指定地层与断层的相互关系来构建复杂地质条件下地质体三维模型。张宝一等(2013)利用钻孔和剖面数据,介绍了实体模型、场模型和混合模型三类空间数据模型及其相应的地质构模方法。武强和徐华(2013)提出基于多源数据耦合的建模思路和"构建-模拟-修正"的模型更新方法,解决矿山的地质体三维建模问题。这类方法主要是利用钻孔、剖面图和地层等值线图中的地层点位数据,也可利用地层产状信息,但信息利用较少且以人工交互为主,建模过程非常复杂。这种方法虽然能够处理关于倒转、尖灭和断层的复杂地质问题,但建立的曲面难以反映出地层在空间中的连续变化趋势,曲面形态难以满足专业人员要求,不太容易在实际中推广利用。

(2)隐式建模。主要通过对原始数据进行加密插值处理来建立一套属性势场模型,并利用该模型计算出地层之间的分界面,进而建立地质体三维模型(Lajaunie et al.,1997)。其中有代表性的方法包括基于径向基函数插值的标量场构建法、基于欧式距离变换的标量场构建法、基于四面体网格的离散光滑插值的标量场构建法、基于泛协克里格的势场曲面追踪法和基于泛权建模算法的建模方法等。隐式建模方法一般采用算法直接计算出地层曲面模型,建模效率比显式建模方法要高。该方法对数据源的利用主要体现在曲面构建前的属性场构建上,具体表现:直接提取了其中地质点坐标和产状数据这两类信息进行协同估值;通过构造漂移函数将断层数据加入估值函数中形成约束;将地质背景、专家知识人工转化为虚拟的地质点数据和产状点数据,与原有点位数据一起参与估值运算;将地层层序作为一种估值的约束条件,限定空间点位的地层所属的可能类别。这种方法相对充分地利用了建模数据,但还有以下不足:①自动建立的模型与实际的地质现象往往有一定的出入,且由于中间需要建立一个标量数据场,难以直接建立数据与模型之间的联动编辑机制;②对复杂地质现象的表达能力和专家知识的转化能力还有待进一步提高。

随着人工智能技术的快速发展,机器学习方法能通过大量的地质空间数据自动学习并发现成矿规律,从而为地质体三维建模提供基于数据驱动的建模方法(Woodhead and Landry,2021),地质空间数据的体量巨大、多源异构及分析表征复杂度高等特点使得机器学习方法在建模过程中具备特有的优势,因此,机器学习方法逐渐成为地质体三维建模领域国内外专家的研究热点(左仁广,2021;Rodriguez et al.,2015;刘艳鹏等,2018;张振杰等,2021),包括支持向量机、人工神经网络、逻辑回归和随机森林等众多机器学习算法,这些机器学习算法在地质体三维建模过程中的应用都取得了较为满意的结果(Sun et al.,2019;Xiang et al.,2020;Liu et al.,2022;付光明等,2021)。

1.3 地质体三维模型不确定性

不确定性是空间信息科学领域的基础研究内容,其研究目的是客观量化研究实体的误差及误差传递特性。地质体三维模型在实现对建模区域地质情况直观表达的同时,因获取数据源、处理数据、建模的过程中存在着一定的不确定性,只能实现对客观地质现象的近似描述。

目前对地质体三维模型不确定性的研究还处于探索阶段,国内外对于不确定性研究的理论和方法还不够成熟,在准确表达模型不确定性方面还存在一定的困难。对模型的不确定性进行分析研究的主要困难在于缺乏一个清晰描述不确定性来源的框架,对建模区域的认识不完整,缺乏准确评估模型不确定性的方法。在模型不确定性来源描述方面,早在

1993年，Mann就曾将影响模型不确定性的因素归纳划分为地质对象的内在随机性、测量过程的不确定性、采样的不确定性、建模过程中的不确定性四类，且认为对于不确定性来源描述的框架并不局限于建模区域、地质图或者地质模型，而是更多地关注数据本身。其不确定性来源主要包括数据的准确性和精度、数据的数量和空间分布、地质复杂性、地质解译四个方面。英国地质调查局的研究员们在数字地学空间模型（Digital Geoscience Spatial Model，DGSM）项目中，采用因果关系图对地质体三维模型不确定性的来源进行了分析，并在因果关系图分析的基础上，将模型质量划分为差、较好、好三个等级并定义相应的分析规则，对模型的不确定性进行了半定量分析（Smith，2005）。此外，在DGSM项目的基础上，Lelliott等（2009）对基于因果关系图的不确定性分析方法进行了扩展，对模型不确定性来源分析的因果关系图进行了扩展和归纳，将模型不确定性的来源分为钻孔高程、采样类型、钻孔方法、建模软件、数据质量、数据密度和地质复杂性七个方面。根据对模型不确定性影响的重要程度，最终选取数据密度、数据质量、地质复杂性三个因素计算不确定性。Mann和Keefer对模型不确定性来源进行分析的方法是众多关于模型不确定性研究领域中比较常用的，但是基于因果关系图的不确定性来源分析可以更加全面地对模型不确定性的来源及其之间的相互作用关系进行表达，而且这一分析方法将是今后对模型不确定性来源进行描述的重要方法。

在模型不确定性评估方法方面，Bardossy和Fodor（2004）根据Mann对模型不确定性来源的分析以及地质对象或过程的不同，采用不同的公式对地质对象和过程进行直接的表达，但是此类公式并没有将可能的误差以及误差的传播考虑进去，如果缺乏对地质对象或过程的完整认识，则无法获取准确的参数值。基于概率（随机）的分析方法主要是基于标量参量对不确定性进行分析，贝叶斯概率（条件）分析、蒙特卡罗（Monte Carlo）分析是此类分析方法的代表。但是，基于概率的分析方法需要对地质对象或过程之间的界线有明确的定义，在计算过程中需要重复采样，而且也很难将误差的传递考虑进去。为此，Bardossy和Fodor（2004）提出了不确定性区间（Uncertainty Intervals）、模糊集（Fuzzy Sets）、概率范围（Probablity Range）、神经网络（Neural Networks）、混合算法（Hybrid Arithmetic）、模糊地质统计学（Fuzzy Geostatistics）等一系列的描述地质不确定性的数学方法，以期采用数学方法解决模型不确定性的评估问题。

还有学者以不确定性来源的不同为导向，对不确定性的评估方法进行了分类总结。对于来源于数据的不确定性，可以采用影响范围分析（Area of Influence Analysis）、交叉验证的非传统应用（Non-Traditional Application of Cross Validation）、数据约束随机模拟的结果的专题分析（Specific Analysis of the Results from Data-Conditioned Stochastic Simulation）等方法进行评估；对于来源于地质复杂性的不确定性，可以采用基本的空间数据分析（Basic Exploratory Spatial Data Analysis）、半方差图分析（Semivariogram Analysis）、交叉验证的非传统应用（A Non-traditional Application of Cross Validation）等方法进行评估；对于来源于地质解译的不确定性，则可以采用测量值和真实值之间的残差计算、统计特征的比较、概念模型的明确描述、半方差图分析等方法进行评价。

目前对地质采样的"点"数据到空间分布图"面"数据的空间建模一般采用克里格估计与3S技术(遥感技术、地理信息系统、全球定位系统的统称)相结合的方法,利用平均误差、均方根误差或方差来评价精度(Bishop and Mcbratney,2001)。克里格估计的一个缺点就是平滑效应依赖于采样点的分布,因此克里格估计只能提供简化变异的空间分布模式。为了克服线性地质统计学在评价不确定性方面的缺点,学者们提出了非线性克里格法,如指示克里格法,但指示克里格法同样存在平滑效应。随后,有学者提出采用随机模拟方法——序贯高斯模拟(Sequential Gaussian Simulation,SGS)和序贯指示模拟(Sequential Indicator Simulation,SIS)来进行空间不确定性建模以克服指示克里格法的内在局限性。Zhao等(2005)采用序贯指示模拟方法评价了河北省土壤碳密度空间分布表达的不确定性。Mowrer(1997)采用序贯高斯模拟方法评价多年生亚高山带森林空间分布预测的不确定性。赵永存等(2007)采用序贯高斯模拟方法评价了张家港土壤表层铜含量空间预测的不确定性。Mallet(1992)采用离散光滑插值、随机模拟、地质统计分析等先进的插值方法实现连续、定性的数据不确定性计算。

针对测量、解释过程中产生的测量误差以及由构建地质面、体模型的内插或外推过程所引起的随机不确定性,可以通过随机误差理论、统计理论、误差熵等实现不确定性的定量化分析(Caumon et al.,2009;潘懋等,2007)。基于随机误差理论的分析方法,以置信区间内概率场分布定量描述点、线和多边形等二维空间实体的不确定性分布。假定符合某种特定的分布函数如正态分布、多点分布、离散分布等,点空间位置误差可用均方差、坐标分量等综合性指标来表达。蔡剑红和李德仁(2010)将误差椭圆从二维空间延伸到三维空间,使用误差椭球和误差曲面直观的三维图形对抽象的点位质量具体化、可视化,其中,误差椭球反映了随机误差点在欧几里得空间中的分布状况,误差曲面反映了待定点在任意方向上的点位中误差。1982年,Chrisman首次引入"ε-距离"概念来度量线元的定位不确定性,此后经过Blackemore和Yoei等的努力,逐步形成了度量线元位置不确定性的"ε-带"指标。"ε-带"是一种几何图形,认为线元的真正位置在以量测线段为中心、宽度为ε的缓冲区域内,"ε-带"具有简单、直观和实用的特点,但带的宽度往往难以确定。在后续的研究过程中,Caspary、刘文宝、范爱民等学者在"ε-带"的基础上陆续提出了"e-带""g-带""H-带"等相关概念与模型(史文中,2005;刘文宝,1995;范爱民和郭大志,2001;李大军等,2002;张国芹等,2009;郭继发等,2010;史玉峰等,2006;张梅等,2008;朱长青等,2005),依托初始结构模型,基于概率场方法通过一系列不同概率值的地质体三维模型定量分析不确定性的分布。地质空间统计学方法通过探讨样本点数据之间的空间关系,以半差图或协方差模型定量描述、分析面模型构建过程和结果的不确定性分布,突破了随机误差理论中误差独立性的假设前提,以初始地质面模型为期望,结合建模数据源误差分布建立整个模型的置信区间,通过一系列不同概率值地质体三维模型间的距离、体积、深度等参量的差异特征来表征不确定性。栅格模型利用熵值来测度全三维空间内地质模型的不确定性及误差敏感度,将空间划分成若干Grid或Voxel单元体,依托建模数据的概率分布及初始地质模型,通过信息熵值来标识每个节点上的不确定差异性,实现了全三维空间内的不确定性分析。当有新的误差数据被引入地质体三维模型时,节点上的熵值因数据改变而改变,从而实现了模型对不同误差源的敏感度测度。但是,这类方法不能定量分析矢量误差对模型的形态和拓扑关系的调控作用(何珍文,2008;屈红刚,2006;武强和徐华,2013)。

在对地质模型不确定性的产生机制、不确定性大小及其空间分布等的研究过程中,多数地质模型不确定性分析方法的评估对象是单个位置的形态结构,对多个位置、多个地层的几何形态和空间结构的不确定性分析难以处理。为了克服传统空间插值方法(如克里格算法)只能对单一空间位置的局部不确定性进行定量评价,难以估计多个空间位置的联合不确定性(Benndorf and Dimitrakopoulos,2013;Bogen,2010)的问题,有学者提出采用随机模拟方法,如利用序贯高斯模拟和序贯指示模拟进行空间不确定性建模,以克服传统空间插值方法的内在局限性(赵彦锋等,2011),很多基于随机模拟的方法可以根据相同的条件约束(如数据约束)生成大量不同的随机模拟实现,这些有差异的实现模拟了不同形态的地层结构。当模拟实现数量足够大时,可以统计出各种不同地层结构形态对应的概率。如侯卫生等(2017)采用蒙特卡罗模拟方法模拟多个剖面上地层面的不确定性,但是对每个地层面独立模拟的随机模拟方法未考虑地层间的相关性,忽略了不同位置、不同地层的相互影响。一些基于随机建模的方法可以考虑不同位置、不同地层的相互影响,如 Wellmann 等(2010)采用隐式场建模方法对带有随机误差的数据进行建模并分析模型不确定性。戴危艳等(2015)通过多个模拟结果计算多个点位的联合空间不确定性。虽然基于随机模拟的方法可以通过生成大量模拟实现得到各种不同情况,对每种情况统计出现频率并将它作为该场景的发生概率,但是随着不确定参数的增多,涉及的变量数量增加,通过模拟实现汇总统计特定场景的发生概率需要付出很大的计算代价,对包含较多变量的事件分析成本较高,而且对小概率或极端事件的模拟结果数量较少,难以满足统计需要。

尽管随机误差理论、地质统计学、模糊数学、熵理论等多种理论和方法被用于地质体三维模型的不确定性的定量分析,然而,原始数据及建模过程中的不确定性对最终模型的调整作用及传播机制仍不明确,对于模型不确定性的来源分析和评估方法的研究仍然需要国内外学者不断地努力突破。

1.4 地质体三维建模软件

自 20 世纪 80 年代以来,随着科学计算可视化技术的发展,三维地学可视化技术在近十几年来,从概念、原理、方法到硬件系统都得到了全面发展,并逐步形成了一套完整的技术体系(黄地龙和邓飞,2008;朱良峰和潘信,2008;朱良峰等,2009)。西方发达国家相继推出了一批在地质、石油、矿山等领域得到广泛推广应用的地质体三维建模软件,比较有影响力的为 AVS/Express、Lynx、Gocad、EarthCube、OpenVision、GeoQuest、GeoFrance 3D、GeoViz、Earthworks、EarthVision、Micromine、Gemcom、Minicom、MineMap、MinESoft、Vulcan、3D Move、C Tech、Geosec、3Dseis。

3D Move 适用于模拟褶皱、断层运动、斜向剪切等的三维建模(Buddin et al.,1997;吴时国等,2004);C Tech 以克里格插值算法将地质属性建模与地质体结构建模相互结合;Geosec可以在建立地质体的几何形态的同时,针对年代历史进行运动学分析;GeoFrance 3D 依托地质、地球物理数据进行存储、评价和 3D 形体确定,创造一个观察地壳三维的可视化的环境;Micromine 主要适用于矿山矿体的三维建模,完成矿体、地层建模的可视化以及针对矿体进行储量计算;EarthCube、GeoViz 等是比较著名的地球物理三维可视化应用软件;Earthworks、3Dseis 等是典型的三维地震分析系统。法国南锡(Nancy)大学的 Mallet 教授推出的 Gocad 系统是适用于地球物理、地质、工程的三维地学模拟软件,以离散光滑插值技术(Discrete Smooth Interpolation,DSI)为核心,以 G-map 图为数据模型基础,以边界表示模型(Boundary-Representation,B-Rep)作为构模方法。美国 Dynamic Graphic 公司的 EarthVision 软件系统,主要针对油田三维地质构造建立三维模型,软件功能包括绘制描述层位面与断层几何形态的构造图、反映地层与地质结构的空间分布及其相互交切关系、计算石油储量等。加拿大 Lynx Geosystems 公司开发的 Lynx 软件系统采用棱柱体体元建模方式,可以对钻孔、测井记录、TIN 模型、三维格网结构等进行综合管理,广泛应用于矿山地质的三维建模及可视化等方面。

国内的相关软件系统开发起步较晚,通过国家部委的资金支持,近年来取得了一定的成果。"复杂地质体的三维建模和图形显示研究""油储地球物理理论与三维地质图像成图方法""地学时空信息动态建模及可视化研究与应用"等研究项目获得了国家自然科学基金委员会资助,相关的子课题研究专项列入了国家"863"计划。

武汉中地数码科技公司依托地理信息平台 MapGIS 搭建了三维建模平台 MapGIS TDE,并以此为基础在岩土工程勘察、矿山开采等领域开发了一系列地质体三维建模系统,在实际应用中取得了良好的效果。MapGIS TDE 包含标准地层的简单地质体地层建模、复杂地质体交互式建模、拖拽编辑、三维交互定位与查询、三维切割分析、动态切割显示、漫游和动态场景输出等功能。

中国矿业大学吴立新教授等开发的吉思三维地上下集成建模与应用系统(Geos3D),针对地上、地形及地下三层空间的单层空间实现了建模及无缝集成功能,包括地上建模、地形建模、地层建模、工程建模、地上下无缝集成建模等。北京理正软件设计研究院有限公司开发了地理信息系统地质专题软件(张元生等,2010)。中国科学院武汉岩土力学研究所开发了三维地层地理信息系统(3DSIS)。中国地质大学开发的三维可视化地学信息系统(GeoView)可实现真三维地学信息管理、处理、计算分析与评价决策支持(张元生,2012)。

资源量估算与三维建模系统(iExploration-EM)是由中国地质调查局发展研究中心与中国地质大学(武汉)教育部地理信息系统软件及应用工程中心合作开发的固体矿产地质勘查信息处理系统。该系统基于数字化地质矿产调查与数字矿山的解决方案,利用 MapGIS 平台,实现从矿产资源野外调查到地质成图、矿体圈定、矿床地质建模、品位估计和储量估算全过程的数字化和三维可视化(龚国清等,2009)。iExploration-EM 的储量估算部分提供了剖面法、地质块段法、地质统计学法等多种资源储量估算方法。

以上所开发的地质体三维建模系统都具有自主版权且具备一定的建模及可视化功能,综合分析有关地质体三维建模理论和应用现状,发现它们都存在以下不足:①在数据格式的定义上缺乏统一标准且与商用大型数据库管理软件结合不足,无法充分利用商用数据库软件的数据处理、数据挖掘功能;②三维实时动态交互功能欠缺,编辑功能较弱,无法实现"所见即所得"效果;③三维模型的动态表达欠缺(潘如刚,2004;王靖,2003;宁书年和李育芳,2002;宫法明,2002;陈少强,2002;朱大培,2002;刘修国,2004)。

现有的建模软件在功能方面取得了一定进展,能够部分满足地质体三维模型的可视化和三维空间分析需求,在地球物理勘探、数字矿山、城市地质等领域开始逐渐得到应用。但是,地质体三维建模方法和技术尚不够成熟,相关建模软件存在诸多亟待解决的实际应用问题。利用现有理论及系统软件进行应用研究,一方面可以在应用中解决生产实际问题;另一方面可以在研究中发现问题,便于对地质体三维建模理论、方法和技术进行深入探索,并完善相应软件的开发。

1.5 存在问题与研究内容

综上分析可以看出,地质体三维建模及其不确定性的研究工作在理论和软件开发方面已取得较大进展,但其理论、方法和技术仍不成熟,尚待解决的问题众多,归纳起来有如下几个方面:①现有的地质数据缺乏语义尺度地质体三维模型的表达模式;②现有的建模方法欠缺对地质体三维模型的不确定性的表达和定量分析比较;③地质模型质量受多源不确定性的综合影响研究有待深入;④不确定性分析的对象多局限于单个位置的不确定性;⑤利用不确定性分析改善模型精确度。

鉴于上述存在问题,在充分考虑地质结构的复杂性和不确定性等客观因素基础上,基于矿山建模应用场景差异化、地质体模型不确定性评价与地质体模型多源不确定性整合等需求,开展以下两个方面的研究工作。

首先,提出一种矿山地质体三维建模方法,力求充分表达地质现象存在的多样性、不确定性和复杂性,指导数字矿山建设与矿山企业的工作流程管理改革,从矿山语义尺度的地质空间数据模型、语义尺度的矿山多模型的建立方法、矿山地质体三维建模过程中的模型不确定性来源的分布与传递机制、模型不确定性定量分析与表达等几个方面来开展深入研究,为不同阶段的矿山建设各项工作提供科学依据,为降低开采风险和节约采矿成本,提高矿山开采效率提供方法基础。

其次,针对多源不确定性对地质体模型质量的综合影响,研究一种地质体模型多源不确定性整合方法;针对涉及多位置、多地层的联合不确定性分析需求,研究一种多地层结构不确定性分析方法;针对多地层场景中,部分地层样本稀疏导致的模型不确定性,研究一种地层面模型修正方法,以期通过不确定性分析降低模型不确定性,提高模型精确度。具体研究内容如下。

（1）结合矿床建模理论与方法、地质统计学理论及空间信息预测方法、地质体三维模型不确定性分析研究成果，探索矿山三维多模型构建及模型定量分析方法。以某大型综合性矿床为应用实例，以地学认知为驱动、以地质勘查和矿山开采过程为主轴线，从语义尺度的角度提出矿山三维多模型的建模原理与方法，使建立的矿山模型能在矿体全局性、波动性和精确性等方面实现三维模型的多粒度特性。从建模数据源采集与测量误差、地质特征的参数表达、专家解释与干预和建模方法的特点等方面对影响矿山模型不确定性的因素进行归纳总结，分析模型构建过程中的误差传递机理，探索模型不确定性定量化分析的方法，并将该方法应用于资源储量估算过程中。

（2）针对表达形式不同的多源不确定性难以统一到同一框架内的问题，研究多源不确定性的来源，估计多源误差的先验分布，统计区域化变量的空间变异信息，量化建模人员的认知偏差，将这些作为不确定性整合的基础。针对多源不确定性整合问题，研究不确定性因素对地质模型的影响和建模过程中的不确定性传递机制，在地质数据的约束下，利用贝叶斯规则整合不同来源、不同性质的不确定性，计算地层面的综合不确定性后验概率分布，根据地层规则建立地质体三维属性概率场，并通过信息熵表达地质体三维模型的空间结构不确定性。针对多位置、多地层的地质场景，对其涉及的地质多变量进行相关性分析，研究地层的相关结构，基于空间 Copula 和藤 Copula 方法构建多地层分布联合概率模型，分析涉及多个地层的地质结构联合不确定性。

参考文献

蔡剑红，李德仁，2010. 三维点位不确定性中的误差椭球与误差曲面关系研究[J]. 测绘科学，35(6)：12-13.

陈少强，2002. 一个以"移动立方体法"为关键技术的人机交互三维地质建模系统[D]. 北京：中国地质大学（北京）.

戴危艳，李少华，谯嘉翼，等，2015. 储层不确定性建模研究进展[J]. 岩性油气藏，27(4)：127-133.

范爱民，郭达志，2001. 误差熵不确定带模型[J]. 测绘学报，30(1)：48-53.

付光明，严加永，罗凡，等，2021. 基于随机森林算法的三维成矿预测——以赣东北朱溪钨矿床外围为例[J]. 地质论评，67(S1)：275-276.

宫法明，2002. 三维地质建模[D]. 北京：北京航空航天大学.

龚国清，刘修国，倪平泽，2009. 基于 iExploration-EM 的数字矿产勘查成果编制方法研究[J]. 金属矿山(4)：91-94.

郭继发，崔伟宏，刘臻，等，2010. 模糊地理实体不确定性综合描述研究[J]. 武汉大学学报（信息科学版），35(1)：46-50.

何珍文，2008. 地质空间三维动态建模关键技术研究[D]. 武汉：华中科技大学.

侯卫生,吴信才,刘修国,等,2006.基于线框模型的复杂断层三维建模方法[J].地质科技情报,25(5):109-112.

黄地龙,邓飞,2008.复杂地层结构模型三维重构与可视化方法研究[J].成都理工大学学报(自然科学版),35(5):553-558.

李大军,龚健雅,谢刚生,等,2002.GIS中线元的误差熵带研究[J].武汉大学学报(信息科学版)(5):462-466.

刘文宝,1995.GIS空间数据的不确定性理论[D].武汉:武汉测绘科技大学.

刘修国,2004.城市地质信息平台三维关键技术研究[D].武汉:中国地质大学(武汉).

刘艳鹏,朱立新,周永章,2018.卷积神经网络及其在矿床找矿预测中的应用——以安徽省兆吉口铅锌矿床为例[J].岩石学报,34(11):3217-3224.

宁书年,李育芳,2002.三维地质体可视化软件理论探讨[J].矿产与地质,16(4):254-255+257.

潘懋,方裕,屈红刚,2007.三维地质建模若干基本问题探讨[J].地理与地理信息科学,23(3):1-5.

潘如刚,2004.基于断层轮廓数据的三维形体网格构造方法研究[D].杭州:浙江大学.

屈红刚,潘懋,明镜,等,2008.基于交叉折剖面的高精度三维地质模型快速构建方法研究[J].北京大学学报(自然科学版),44(6):915-920.

屈红刚,2006.基于交叉剖面的三维地质表面建模方法研究[J].测绘学报,35(4):411.

史文中,2005.空间数据与空间分析不确定性原理[M].北京:科学出版社.

史玉峰,史文中,靳奉祥,2006.GIS中空间数据不确定性的混合熵模型研究[J].武汉大学学报(信息科学版),31(1):82-85.

王靖,2003.三维地质建模与剖面图生成[D].泰安:山东科技大学.

吴立新,古德生,2009.数字矿山技术[M].长沙:中南大学出版社.

吴立新,史文中,2005.论三维地学空间构模[J].地理与地理信息科学,21(1):1-4.

吴时国,王秀玲,季玉新,等,2004.3DMove构造裂缝预测技术在古潜山的应用研究[J].中国科学(D辑:地球科学),34(9):818-824.

武强,徐华,2013.数字矿山中三维地质建模方法与应用[J].中国科学(地球科学),43(12):1996-2006.

武强,徐华,2011.虚拟地质建模与可视化[M].北京:科学出版社.

侯卫生,杨翘楚,杨亮,等,2017.基于Monte Carlo模拟的三维剖面地质界线不确定性分析[J].吉林大学学报(地球科学版),47(3):925-932.

张宝一,吴湘滨,王丽芳,等,2013.三维地质建模及应用实例[J].地质找矿论丛,28(3):344-351.

张国芹,朱长青,李国重,2009.基于ε_m模型的线元位置不确定性度量指标[J].武汉大学学报(信息科学版),34(4):431-435.

张梅,张祖勋,张剑清,等,2008.空间点三维重建新方法及其不确定性研究[J].测绘科学,33(4):8-11.

张元生,2012.地上下无缝集成多尺度建模与应用研究[D].沈阳:东北大学.

张元生,吴立新,郭甲腾,等,2010.顾及语义的地上下无缝集成多尺度建模方法[J].东北大学学报(自然科学版),31(9):1341-1344.

张振杰,成秋明,杨玥,等,2021.机器学习与成矿预测:以闽西南铁多金属矿预测为例[J].地学前缘,28(3):221-235.

赵彦锋,孙志英,陈杰,2011.Kriging插值和序贯高斯条件模拟算法的对比分析[J].地球信息科学学报,12(6):767-776.

赵永存,黄标,孙维侠,等,2007.张家港土壤表层铜含量空间预测的不确定性评价研究[J].土壤学报,44(6):974-981.

朱大培,2002.三维地质建模和带权曲面限定Delaunay三角化的研究与实现[D].北京:北京航空航天大学.

朱良峰,潘信,2008.地质断层三维构模技术研究[J].岩土力学,29(1):274-278.

朱良峰,吴信才,潘信,2009.三维地质结构模型精度评估理论与误差修正方法研究[J].地学前缘,16(4):363-371.

朱良峰,2005.基于GIS的三维地质建模及可视化系统关键技术研究[D].武汉:中国地质大学(武汉).

朱长青,张国芹,王光霞,2005.GIS中三维空间直线的误差熵模型[J].武汉大学学报(信息科学版),30(5):405-407+411.

左仁广,2021.基于数据科学的矿产资源定量预测的理论与方法探索[J].地学前缘,28(3):49-55.

BARDOSSY G, FODOR J, 2004. Evaluation of uncertainties and risks in geology: new mathematical approaches for their handling[M]. Berlin: Springer.

BENNDORF J, DIMITRAKOPOULOS R, 2013. Stochastic long-term production scheduling of iron ore deposits: integrating joint multi-element geological uncertainty[J]. Journal of Mining Science, 49(1): 68-81.

BISHOP T F A, MCBRATNEY A B, 2001. A comparison of prediction methods for the creation of field-extent soil property maps[J]. Geoderma, 103(1/2): 149-160.

BOGEN K T, 2010. Methods to approximate joint uncertainty and variability in risk[J]. Risk Analysis, 15(3): 411-419.

BUDDIN T S, KANE S L, WILLIAMS G D, 1997. A sensitivity analysis of 3-dimensional restoration techniques using vertical and inclined shear constructions[J]. Tectonophysics, 269(1-2): 33-50.

CAUMON G, COLLON D P, CARLIER L et al., 2009. Surface-based 3D modeling of geological structures[J]. Mathematical Geosciences, 41(8): 927-945.

FRANK T, TERTOIS A, MALLET J, 2007. 3D-reconstruction of complex geological interfaces from irregularly distributed and noisy point data[J]. Computers & Geosciences, 33(7): 932 – 943.

HILLIER M J, SCHETSELAAR E M, DE KEMP E A, et al., 2014. Three-dimensional modelling of geological surfaces using generalized interpolation with radial basis functions[J]. Mathematical Geosciences, 46(8): 931 – 953.

HOULDING S, 2012. 3D geoscience modeling: computer techniques for geological characterization[M]. Berlin: Springer.

HOULDING S W, 2000. Practical geostatistics, modeling and spatial analysis[M]. Berlin: Springer.

JOE B, 1991. Construction of three-dimensional Delaunay triangulatios using local transformations[J]. Computer Aided Geometric Design, 8(2): 123 – 142.

LAJAUNIE C, COURRIOUX G, MANUEL L, 1997. Foliation fields and 3D cartography in geology: principles of a method based on potential interpolation[J]. Mathematical Geology, 29(4): 571 – 584.

LELLIOTT M R, CAVE M R, WEALTHALL G P, 2009. A structured approach to the measurement of uncertainty in 3D geological models[J]. Quarterly Journal of Engineering Geology and Hydrogeology, 42(1): 95 – 105.

LI R, 1994. Data strueture and application issues in 3D geographic information systems[J]. Geomatica, 48(3): 209 – 224.

LIU L, CAO W, LIU H, et al., 2022. Applying benefits and avoiding pitfalls of 3D computational modeling-based machine learning prediction for exploration targeting: lessons from two mines in the Tongling-Anqing District, eastern China[J]. Ore Geology Reviews (142): 104712.

MALLET J L, 1992. Discrete smooth interpolation in geometric modeling[J]. Computer-aided Design, 24(4): 178 – 191.

MANN C J, 1993. Uncertainty in geology (in computers in geology: 25 years of progress) [J]. Geology, 241 – 254.

MOLENAAR M, 1992. A topology for 3D vector maps[J]. ITC Journal(1): 25 – 33.

MOWRER H T, 1997. Propagating uncertainty through spatial estimation processes for old-growth subalpine forests using sequential Gaussian simulation in GIS[J]. Ecol. Model(98): 73 – 86.

CHILÈS P, AUG C, GUILLEN A, et al., 2007. Modelling the geometry of geological units and its uncertainty in 3D from structural data: the potential-field method[J]. Orebody Modelling and Stratagic Mine Planning(14): 329 – 336.

PRADO E M G, DE SOUZA FILHO C R, CARRANZA E J M, et al., 2020. Modeling of Cu-Au prospectivity in the Carajás mineral Province(Brazil) through machine learning: Dealing with imbalanced training data[J]. Ore Geology Reviews(124):103611.

RODRIGUEZ G V, SANCHEZ C M, CHICA O M, et al., 2015. Machine learning predictive models for mineral prospectivity: an evaluation of neural networks, random forest, regression trees and support vector machines[J]. Ore Geology Reviews(71):804-818.

SMITH I F, 2005. Digital geoscience spatial model project final report[J]. British Geological Survey Occasional Publication(9):56.

SUN T, CHEN F, ZHONG L, et al., 2019. GIS-based mineral prospectivity mapping using machine learning methods: a case study from Tongling Ore District, eastern China[J]. Ore Geology Reviews(109):26-49.

VOLKER C, 2003. 3D-GIS in networking environments[J]. Computers, Environment and Urban Systems, 27(4):345-357.

WELLMANN J F, HOROWITZ F G, SCHILL E, et al., 2010. Towards incorporating uncertainty of structural data in 3D geological inversion[J]. Tectonophysics, 490(3-4):141-151.

WOODHEAD J, LANDRY M, 2021. Harnessing the power of artificial intelligence and machine learning in mineral exploration—opportunities and cautionary notes[J]. SEG Discovery(127):19-31.

XIANG J, XIAO K, CARRANZA E J M, et al., 2020. 3D mineral prospectivity mapping with random forests: a case study of Tongling, Anhui, China[J]. Natural Resources Research(29):395-414.

ZHAO Y C, SHI X Z, YU D S, 2005. Different methods for prediction of spatial patterns of soil organic carbon density in Hebei Province[J]. Acta Pedologica Sinica, 42(3):27-33.

2 地质体三维建模理论与方法

作为地质体三维建模理论研究和开发的基础,地质体三维数据模型具有组织地质空间数据、完成地质构模、实现地质数据三维可视化的功能,具有基于地质语义(Geological Semantics)对地质体精确表达、完整描述地质体三维模型几何和拓扑结构特性的特点。因此,地质体空间数据的组织和表达方式是地质体三维模型建立过程中需要首先解决的问题。

地质体的分布体现出空间相关性的特点,既有随机性,也有结构性。因此,在构建矿山地质体三维模型的过程中,对于矿体空间信息的预测以及实现对三维建模数据离散性、波动性的模拟过程,地质统计学理论都具备了成熟的理论基础和较为实用的特点。三维模型的不确定性制约着模型在矿山实际应用中的进一步发展,笔者通过对GIS不确定性研究理论和方法的归纳总结,为矿山地质体三维模型在领域内的研究提供了理论基础和参考。

2.1 地质体三维空间数据模型

数据模型是对实体以及它们之间关系的一般性描述,数据结构建立在数据模型基础之上,是对数据模型的细化。矿山地质体三维数据模型为地质体空间数据的组织、地质数据库模式设计、三维模型构建以及地质体数据的三维可视化表达与分析提供了基础的支撑(杨东来等,2007)。

2.1.1 地质体三维建模空间数据模型

近年来,国内外学者针对三维地理空间、三维地质空间、三维地理与地质空间集成建模提出了多种三维模型。在不区分准三维和真三维的情况下,空间按单元维数可分为面元模型(Facial Model)和体元模型(Volumetric Model)两大类,按建模方式可分为单一建模(Single Modeling)、混合建模(Compound Modeling)和集成建模(Integrated Modeling)三大类,如表2-1所示。

表 2-1 三维 GIS 空间数据模型分类

单一建模				混合建模	集成建模
面元模型	体元模型			混合模型	集成模型
		规则体元	非规则体元		
表面模型 (surface)	不规则三角网模型 (Triangulated Irregular Network, TIN)	结构实体几何模型 (Constructive Solid Geometry, CSG)	四面体网格 (Tetrahedral Network, TEN)	TIN+Grid 混合	TIN+CSG 集成
	格网模型(Grid)	体素(Voxel)	金字塔(Pyramind)		

续表 2-1

单一建模			混合建模	集成建模
面元模型	体元模型		混合模型	集成模型
	规则体元	非规则体元		
边界表示模型(B-Rep)	针体模型(Needle)	三棱柱模型(Triangular Prism,TP)	Section+TIN 混合	TIN+Octree 集成
线框模型(Wire Frame)或相连切片模型(Linked Slices)	八叉树模型(Octree)	地质细胞模型(Geocellular)	Wire Frame+Block 混合	
断面模型(Section)	规则体块模型(Regular Block)	不规则体块模型(Irregular Block)	CSG+B-Rep 混合	
多层数字高程模型(Multilayer DEM)		实体模型(Solid)	TEN+Octree 混合	
		3D Voronoi 图		
		广义三棱柱模型(Generalized Tri-Prism,GTP)		

2.1.2 基于面元的数据模型

面元数据模型借助多边形面单元实现三维空间实体的表面表示，表示的表面可以闭合也可以不闭合，面元模型的主要特征是具有面、边、点的拓扑关系，数据更新和显示的便利是面元模型的优点，缺点是针对三维模型的内部属性缺乏表现手段。因为面元模型能较好地顾及地貌特征点、特征线等，所以常应用于地表建模、层状矿床建模等方面。常见的面元模型有不规则三角网模型(TIN)、格网模型(Grid)、边界表示模型(B-Rep)和线框模型(Wire Frame)等。

1. 不规则三角网模型(TIN)

不规则三角网模型(TIN)常用于基于区域中离散采样点的建模模型。其原理是以离散点相互连接形成连续但不重叠的三角网为基础，利用这些不规则的三角形面片描述三维实体的表面并以此构造地质模型。在针对地质表面进行建模时，TIN 能够以最少的控制点描述地质体表面的空间形态，同时，模型具有可调节的分辨率，当地质体表面粗糙或起伏变化剧烈时，TIN 能添加大量的数据点，通过添加控制点的数量，可在不同程度上改善地质体表面的空间形态，使空间形态更接近地质体真实的自然状态，如图 2-1 所示。

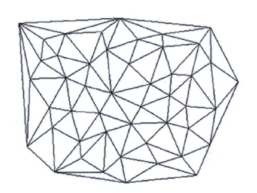 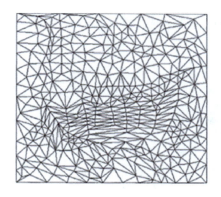

图 2-1 三角网剖分与地表 TIN 模型
(a)离散点三角网剖分;(b)地表 TIN 模型。

2. 边界表示模型(B-Rep)

边界表示模型(Boundary-representation,B-Rep)是一种基于曲面表示的数据结构模型,通过面的并集来表示实体对象的边界,每一个面可由其所在曲面的定义加上其边界线来描述,模型通过体、面、边、点四种基本几何元素表达,边界表示模型采用分级表示的方式,分体、面、边、点四个层次,模型详细记录了构成目标的所有几何元素的几何信息及相互间的联结关系——拓扑信息(冯学智和都金康,2004;程朋根,2005)。

3. 格网模型(Grid)

格网模型的数学表示为一个二维矩阵($M \times N$),矩阵的行和列值表示二维地理坐标,格网值表示属性值(图 2-2)。格网单元属性值分两种不同类型:格网栅格和点栅格。格网栅格内所有点数值均一,点栅格则以网格中心点数值作为格网单元数值,格网内其他点的属性值需采用插值方式获得(Rong,1994)。

格网模型数据结构和拓扑关系具有结构简单和空间占用小的优点,其缺点为:首先,在地形起伏不大的区域数据冗余较大,能引起可视化数据量的增加,且不能根据地形的起伏情况改变格网的大小;其次,格网模型针对多值面和边界的表达无法做到精确表达,对于垂直或陡峭的地形面存在表达困难的缺点。因此,该模型仅适用于一般地形表面和层状矿床的构模。

4. 线框模型(Wire Frame)

线框构模是指将空间实体轮廓上两两相邻的采样点或特征点用直线连接起来,形成一系列多边形,然后把这些多边形面拼接起来形成一个多边形网格并以此来表示三维物体的表面(图 2-3)(朱小弟等,2001)。模型初期广泛应用于 CAD/CAM 中,目前逐渐在地质体三维空间领域的矿体、岩层层面等方面得到应用。当采样点为环形分布时，线框模型也称作连续切片模型，或相连切片模型(Linked Slices)。

 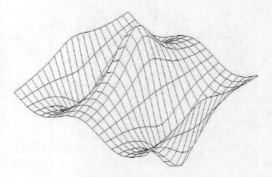

图 2-2　格网模型(Grid)　　　　　图 2-3　线框模型(Wire Frame)

5. 断面模型(Section)

序列断面模型可通过二维模型实现对三维对象的表达。原理是通过平行有序的剖面将三维实体进行剖切，从而得到一系列垂直或者平行的剖面图，实现对三维实体的空间信息的记录过程，达到描述对象三维特征的目的(图 2-4)。断面模型特点是简化了程序设计，将三维问题二维化，缺点是难以完整表达三维矿体的内部结构(王维德等，1995)。

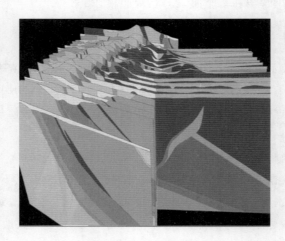

图 2-4　断面模型

6. 多层数字高程模型(Multilayer DEM)

多层 DEM 建模是指通过获取的地层分界面的信息，依次确定各地层间或者矿体与围岩分界面数字高程模型，经对各地层交叉判断、拼接划分、缝合处理后，分别对各个地层面建立独立的 DEM，所有 DEM 均有同样的参照系且能够互相准确匹配。多层 DEM 模型建模过程简便清晰，数据结构较简单，数据存储量小，对计算和显示性能要求不高，便于数据更新处理，但缺乏对三维实体内部的几何描述和属性记录(图 2-5)(胡金星等，1999；贺怀建和白世伟，2002；赵树贤，1999)。

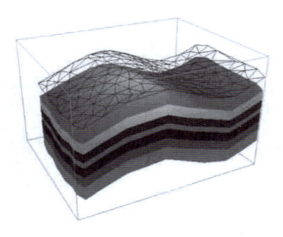

图 2-5　多层 DEM 模型

2.1.3　基于体元的数据模型

体元模型(V-Rep)是基于体元的网格模型，实现方式为将三维空间分割为有限的个体元，利用体元填充整个研究区域，较易于表达实体的内部结构和属性特征。典型的体元模型包括结构实体几何(CSG)、体素(Voxel)、八叉树(Octree)、四面体网格(TEN)、金字塔(Pyramid)、三棱柱(TP)和广义三棱柱(GTP)等模型。体元模型的优点是数据结构简单，便于实现空间分析；缺点是表达空间位置的几何精度低，数据量大，三维图形输出效果较差。

1. 结构实体模型(CSG)

结构实体模型实现的基本原理是任意复杂的形体都可以通过在预先定义形状的规则基本体元(立方体、圆柱体、球体、圆锥体等)之间实行布尔运算(交、并、差)，最终得到的三维实体是有序的二叉树，树根表示实体，叶节点表示基本体元或布尔运算算子，二叉树节点的交、并、差运算适用于形状运算的正则集合运算(李清泉，1998)。CSG 模型的特点是数据结构简单、数据存储量小，在几何形状定义方面精确严格，误差较小。

2. 八叉树模型(Octree)

由于三维栅格比二维栅格需要更多的存储空间，研究人员在四叉树的基础上提出了采用八叉树表示矿体三维的目标。八叉树模型可以看作四叉树模型在地质体等三维实体现象中三维空间的扩展,可以非常有效地对空间对象进行布尔操作和空间查询,八叉树的编码方式分为普通八叉树、线性八叉树、三维行程八叉树等(Gargantini,1982;Gargantini et al.,1986;李清泉和李德仁,1997)。

3. 四面体网格模型(TEN)

四面体网格模型是在三维 Delaunay 三角化的基础上提出的,是不规则三角网模型(TIN)在三维空间上的扩展,其实质是利用紧密排列但不重叠的不规则四面体作为基本体元来完成对空间实体的表达(Pilouk,1996)。四面体是以空间离散点为顶点,利用互不相交的直线将离散点集连接形成三角面片,所有互不穿越的三角面片就构成了四面体网格。依据 Delaunay 法则,每个四面体内不包含点集中的任意一点。四面体是面最少的体元结构,具有数据结构简单、符合线性组合的特性。它在布尔计算和体积、面积等属性计算方面效率较高,便于对空间实体实现三维分析和显示,能够较好地应用于地质矿山领域,实现对复杂地质体的描述。

4. 广义三棱柱模型(GTP)

广义三棱柱模型是在三棱柱模型的基础上发展而来的,具有三棱柱体类似的空间结构,即上下底面为三角形,三个侧面由三条棱边组成,上下底面和三条棱边都不需要相互平行(齐安文和吴立新,2002;Houl 和龙子芳,1989;Wu,2004)。GTP 的建模单元包括六类元素:节点、TIN 边、TIN 面、侧边、侧面和 GPT 体本身。其建模原理是上下底面的 TIN 面描述地层面,四边形侧面描述层之间的邻接关系,三棱柱体描述层与层之间的内部实体。通过模型的侧边和 TIN 面的退化,GTP 可以转换为金字塔模型和四面体网格模型,适用于处理地层分叉、尖灭、构建断层等复杂地质问题,可用于复杂地质体的建模及地下开挖工程的建模过程。

2.1.4 混合数据模型

基于面元模型的构模方式精度较高,适用于地形面、地质层面的模拟,但在矿山建模中对地质体品位和岩性等不均匀的非几何属性描述存在较大困难。基于体元模型的建模方式容易实现逐点处理和块的操作,有较强的空间分析和操作能力,适用于三维空间实体的边界和内部表达,但存在存储量大、计算速度慢等缺点。为了集成两种模型的特点,研究人员将两种或两种以上的面元或体元数据模型加以综合,针对复杂实体的表达、多尺度表达、背景条件、建模要求等形成了具有互补性特点的混合数据模型。混合模型的实现采取以下几种策略实现(杜培军等,2001)。

1. 互补式混合模型

互补式混合模型是指根据数据结构表达上的互补性,对空间实体采取不同的数据模型进行分类表达,采取某种结合纽带构成最终模型。典型互补式混合模型包括断面与不规则三角网混合模型(Section+TIN)。

2. 转换式混合模型

采用不同构模建立的三维模型,其数据结构也并不相同。转换式混合模型是指面向不同应用目标,根据一定的算法,将同一空间实体的数据结构在不同表达结构之间相互转换,最终针对同一构模对象形成一个统一的数据模型。边界表示模型(B-Rep)与实体构模(B-Rep+CSG)的混合方式即为转换式混合构模。

3. 链接式混合模型

链接式混合模型是指在实现模拟显示的过程中,不同的数据模型之间相互链接、调用的构模过程。它既是在表达同一对象过程中不同数据结构之间的低级互操作,也是多种数据结构混合时采用中间过渡结构的一种表达形态。典型的链接式混合模型有八叉树与四面体混合模型(Octree+TEN)。

链接式混合模型将八叉树模型作为整体描述,将四面体模型作为局部描述,对八叉树模型采用较低的分辨率,减少八叉树模型的数据量,在地质体的边界等需要精确描述的场景,则以一个八分体为单位,建立局部的四分体模型。如图 2-6 所示,代表断层编码 73 的八叉树指针与相对应的四面体模型相结合构成混合模型(李清泉和李德仁,1997)。

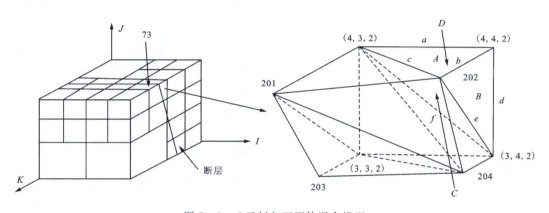

图 2-6 八叉树与四面体混合模型

2.1.5 地质体三维数据模型对比与分析

不同的三维数据模型有不同的侧重点,如拓扑关系、可视化、空间分析等。对于不同类型的空间实体和应用领域,应选择不同类型的数据模型进行空间对象的构建。针对不同模型的特点(数据量大小、拓扑表达难易程度、显示速度快慢等),本节做出了较为系统的比较,比较结果见表 2-2(吴信才,2009;Bitzer,1999;Warburton,1983)。

表2-2 地质体三维数据模型比较

模型类别	模型名称	构模描述	优点	缺点	主要应用
面元模型	格网模型（Grid）	区域空间内正方形或矩形规则网格，每个网格被赋予属性值	结构简单，分析计算方便	数据量大，易冗余，无法反映精确变化	DEM
	形状模型（Shape）	表面点法线向量	显示优于格网模型	模型操作不便	三维表面构建
	不规则三角网模型（TIN）	三角面片为基本构模元素	易于实现不同层次的分辨率描述	拓扑关系复杂	三维表面构建
	边界表示模型（B-Rep）	通过面、环、边、点定义形体位置形状	数据量小，几何信息与拓扑信息分开存储	难以描述不规则三维物体及复杂地质体	结构简单规则的三维对象
	线框模型（Wire Frame）	利用约束线表达空间实体轮廓	数据结构简单，便于修改	形体对象的表示不唯一，难以表述对象的几何特征	适用地质边界、矿山地下巷道
	序列断面模型（Series Section）	采用有序的剖面图描述空间形态	模型容易构建，便于管理	无法整体描述空间实体形状	地学上用于构造形态的描述
	多层数字高程模型（Multilayer DEM）	先对分界面逐个用DEM构建，然后缝合成整体模型	层次简单，可独立描述单地层分布	无法对地层内部结构进行描述	地质领域中层状分布地层
体元模型	结构实体模型（CSG）	对预先定义的规则实体进行布尔运算和几何变换	方法简单、处理方便，对复杂目标采用"分治"算法	不具备实体面、环、边、点的拓扑信息	城市三维模型、CAD领域
	体素模型（Voxel）	利用体积相同的长方体组成的体素描述空间实体	结构简单，节省存储空间和运算时间	表达空间位置几何精度低	规则实体模型构建
	针体模型（Needle）	规则立方体	结构简单，数据压缩效率高	在非均质体构模时，数据压缩率显著降低	地层等均质层状实体
	八叉树模型（Octree）	利用规则体元，采用八叉树方式剖分空间实体	结构简单，检索速度快，存储便捷，布尔操作和几何特征计算效率高，易显示	难以精确表达三维实体的边界，存储空间大	各方向近似分布的空间对象

续表 2-2

模型类别	模型名称	构模描述	优点	缺点	主要应用
体元模型	规则体块模型（Regular Block）	规则立方体	结构简单，节省存储空间和运算时间	精确表达复杂形体边界时数据量几何级数增加	属性渐变的三维空间
	四面体网格模型（TEN）	四面体元	计算量小，可进行三维插值计算和可视化	难以描述三维连续曲面，存在大量的数据冗余	适用范围广，可构建复杂地质体模型
	广义三棱柱模型（GTP）	点、TIN面、TIN边、侧边、侧面、类三棱柱体	拓扑关系描述完善，每个体元内可以有多重属性，实体查询分析方便	可视化速度慢，设计较复杂	地质体城市建模
	实体模型（Solid）	多边形网格	保证建模边界精度，独立描述形体内部品位和质量分布	模型需交互生成	矿体结构分析、体积计算、立体显示
混合集成模型	断面与不规则三角网混合模型（Section＋TIN）	三角面片连接相邻剖面图上的同属性地质界线	整体反映地质体的界面分布和形态	三维地质体内部表达困难	地质领域内的矿床描述
	线框与块段混合模型（WireFrame＋Block）	线框模型描述整体，块段模型描述实体内部	数据结构简单，空间实体的内、外可同时表达	难以表达复杂地质对象	城市模型构建
	四面体与八叉树混合模型（TEN＋Octree）	八叉树模型描述整体，四面体网络模型描述局部，利用属性值关联	模型精度高，节省存储空间，编码简单	伴随实体分辨率的增加数据量将急剧膨胀，空间实体拓扑关系较难建立	断层或结构面较少的地质体建模

由对数据模型结构的比较可知：基于面元的数据模型侧重于三维空间实体的表面描述，可以精确实现三维对象的表面描述，便于实现目标可视化和数据更新，但在描述空间对象的内部属性方面存在困难，在储量计算和空间分析等方面也同样难以实现。基于体元的数据模型侧重于三维空间实体本身的描述，其优势是对空间对象的内部属性的描述，但是数据存储量大，计算速度慢。混合模型通过一定的机制将组成模型相互联系，兼顾了单类型模型的优点，但随着最终模型复杂性增加，对单类型模型的优势反而起到抑制作用。

2.2 空间信息预测与地质统计学

空间信息预测是在已知空间数据的基础上,按照一定规则对未知空间数据值的估算或预测,空间信息预测的过程亦即空间数据的插值计算过程(张景雄,2008)。地学领域常用的插值算法除了非线性插值、样条插值、离散光滑插值(Discrete Smooth Interpolation,DSI)、距离幂次反比插值(Inverse Distance Weighted,IDW)外,还有基于地质统计学的在空间信息预测过程得到了广泛使用的克里格(Kriging)估值与随机模拟方法。

1963年法国学者Matheron在专著《应用地质统计学论》中首先提出了"地质统计学"的概念。地质统计学是以区域化变量为理论基础,以变差函数为主要工具,研究空间实体分布中既具备随机性,又具有结构性的自然现象的科学(侯景儒和黄竞先,2001)。

2.2.1 随机变量与随机函数

根据概率论与数理统计的定义,随机变量是在独立同分布前提下,根据特定概率分布取得的一系列数值变量,其数学表达为:设随机试验的样本空间为 $\Omega=\{\omega\}$,若对每一个 $\omega\in\Omega$ 都有一个函数 $Z(x_1,x_2,\cdots,x_n,\omega)$ 与之对应($x_i\in x_\omega,i=1,2,\cdots,n$),且当自变量 x_i 取任意固定值时,Z 为定义在样本空间 S 上的实值单值函数,则称 Z 为随机函数。

2.2.2 区域化变量

区域化变量是指以空间点 x 的三个直角坐标(x_u,x_v,x_w)为自变量的随机场,$Z(x)=Z(x_u,x_v,x_w)$。$Z(x)$ 在观测前可以看作随机场,在观测之后就得到 $Z(x)$ 的一个实现,它是一个普通三元实值函数(空间点函数)。Matheron将它定义为一种空间上的实函数,在空间上的每个点取一确定的数值,当点位移动时,函数值即开始变化。

区域化变量与一般的随机变量相比具有两重性:一是随机性,即区域化变量具有一定的随机的不规律特征;另一个是结构性,即区域化变量在不同的空间位置具备某种程度的空间自相关特性,这种结构性只依赖于它们的相对位置和变量特征,而与其绝对位置无关。从地质统计学的角度看,区域化变量可以反映地质变量的以下特征(张仁铎,2005;王仁铎和胡光道,1988)。

(1)局部性。区域化变量的适用范围仅局限于一定的空间内(如矿体或矿层范围内),该空间称为区域化几何域。区域化变量一般按几何承载来定义,如承载改变,则得到不同的区域化变量。

(2)连续性。若区域化变量不同,则连续性也不同。有些变量的空间变化具有良好的连续性,如煤层厚度;而有些变量则具有平均的连续性,如磷品位、铁矿石品位;另外一些变量的连续性则没有规律可循,如金品位、铜品位。

(3) 异向性。在各方向上具有相同性质的区域化变量称为各向同性,反之称为各向异性。

(4) 相关性。区域化变量在一定范围内具有明显空间相关性,超出该范围,则相关性变得微弱并趋近于消失。

2.2.3 变差函数及其理论模型

变差函数定义为区域化变量在 $Z(x)$ 和 $Z(x+h)$ 位置间增量平方的数学期望,记为 $\gamma(x,h)$。

$$\begin{aligned}\gamma(x,h) &= \frac{1}{2}\text{var}[Z(x)-Z(x+h)] \\ &= \frac{1}{2}E[Z(x)-Z(x+h)]^2 - \frac{1}{2}\{E[Z(x)-Z(x+h)]^2\}\end{aligned} \quad (2-1)$$

在二阶平稳假设下,即 $E[Z(x+h)]=E[Z(x)]=m$ 时,该公式可改写为

$$\gamma(x,h) = \frac{1}{2}E[Z(x)-Z(x+h)]^2 \quad (2-2)$$

从上式可知,变差函数依赖于自变量 x 和 h,当变差函数 $\gamma(x,h)$ 与位置 x 无关,且仅依赖于两个分离样品点之间的距离 h 时,$\gamma(x,h)$ 可改写为 $r(h)$,即

$$\gamma(h) = \frac{1}{2}E[Z(x)-Z(x+h)]^2 \quad (2-3)$$

通过样品数据进行实验变差函数计算,结果为一组等间距离散点,这些离散点并不能直接用于估值计算中,需要利用理论模型将它们进行拟合并确定模型中的参数。常见变差函数理论模型包括球状模型、指数模型、高斯模型及块金效应模型等(侯景儒等,1998)。

1. 球状模型

球状模型在众多理论模型中应用最广,其数学表达式为

$$\gamma(h) = \begin{cases} 0 & h=0 \\ c_0 + c\left(\frac{3}{2}\frac{h}{a} - \frac{1}{2}\frac{h^3}{a^3}\right) & 0 < h \leqslant a \\ c_0 + c & h > a \end{cases} \quad (2-4)$$

式中:c_0 为块金常数;(c_0+c) 为基台值;c 为拱高;a 为变程。

2. 指数模型

指数模型的数学表达式为

$$\gamma(h) = \begin{cases} 0 & h=0 \\ c_0 + c(1-e^{-\frac{h}{a}}) & h > 0 \end{cases} \quad (2-5)$$

c_0 和 c 的意义与前文所述相同,但 a 不是变程。当 $h=3a$ 时,$1-e^{-\frac{h}{a}}=1-e^{-3}\approx 0.95\approx 1$,

即 $\gamma(3a) \approx c_0 + c$,从而指数模型的变程 a' 约为 $3a$。当 $c_0 = 0, c = 1$ 时,该模型称为标准指数模型。

3. 高斯模型

高斯模型的数学表达式为

$$\gamma(h) = \begin{cases} 0 & h = 0 \\ c_0 + c(1 - e^{-\frac{h^2}{a^2}}) & h > 0 \end{cases} \tag{2-6}$$

c_0 和 c 的意义与前文所述相同,a 也不是变程。当 $h = \sqrt{3}a$ 时,$1 - e^{-\frac{h^2}{a^2}} = 1 - e^{-3} \approx 0.95 \approx 1$,即 $\gamma(\sqrt{3}a) \approx c_0 + c$,因此高斯模型的变程 a' 约为 $3a$。当 $c_0 = 0, c = 1$ 时,该模型称为标准高斯函数模型。

4. 块金效应模型

$$\gamma(r) = \begin{cases} 0 & r = 0 \\ c_0 & r > 0 \end{cases}$$

$c_0 > 0$,为先验方差。块金效应模型相当于区域化变量为随机分布,样点间协方差函数对于所有距离均等于零,即变量的空间相关性不存在,其实质为可迁模型,当 r 足够小,$\gamma(r)$ 即为自身基台值。

2.2.4 克里格估值原理与方法

克里格估值是在地质统计学理论基础上发展出来的空间插值计算方法,是一种最优、无偏和估计方差最小的算法,又称空间自协方差最佳内插法。它是 Kriging 针对地质推估问题而创立的估算矿石品位的最佳内插法。

1. 克里格估值基本原则与定义(侯景儒和黄竞先,2001;Deutsch and Journel,1992)

以矿块估值为例,说明克里格估值无偏、最优的基本原则,设待估矿块品位真值为 $Z(x)$,估值为 $Z^*(x)$,存在偏差 $\varepsilon = Z(x) - Z^*(x)$。

(1)所有估值矿块的真值与估值之间的偏差平均为零,以统计学术语表示为估计误差的数学期望零,此时的估值为无偏估值。

$$E[Z(x) - Z^*(x)] = 0 \tag{2-7}$$

(2)每个待估矿块的真值与估值之间,单个偏差应尽可能最小,以误差平方的期望值,即估计方差表示:

$$\sigma_e^2 = \text{var}[Z(x) - Z^*(x)] = E\{[Z(x) - Z^*(x)]^2\} \tag{2-8}$$

根据以上无偏和最优的基本原则,克里格估值 $Z^*(x)$ 被定义为

$$Z^*(x) - m(x) = \sum_{i=1}^{n(x)} \lambda_i(x) \cdot [Z(x_i) - m(x_i)] \tag{2-9}$$

式中：$m(x)$ 和 $m(x_i)$ 分别为随机变量 $Z^*(x)$ 和 $Z(x_i)$ 的平均值；$n(x)$ 为参与估值的样品个数；$\lambda_i(x)$ 为赋予随机变量 $Z(x_i)$ 的估计权重，表示各个随机变量 $Z(x_i)$ 对估值 $Z^*(x)$ 的贡献。对于任意一个给定的随机变量 $\{Z(X_i), i=1,\cdots,n\}$，都存在一组加权系数 λ_i。

2. 普通克里格法

普通克里格法是最常用的一种线性的地质统计学估值方法，其数学定义如下：假设区域化变量 $Z(x)$ 满足二阶平稳假设和本征假设，平均值 $m(x)$ 稳定但未知，协方差函数 $C(h)$ 及变异函数 $\gamma(h)$ 存在，则式（2-9）可变形为

$$\begin{aligned} Z_{OK}^*(x) &= \sum_{i=1}^{n(x)} \lambda_i(x) \cdot [Z(x_i) - m(x)] + m(x) \\ &= \sum_{i=1}^{n(x)} \lambda_i(x) \cdot Z(x_i) + [1 - \sum_{i=1}^{n(x)} \lambda_i(x)] \cdot m(x) \end{aligned} \quad (2-10)$$

为消除未知的平均值对估值的影响，设 $\sum_{i=1}^{n(x)} \lambda_i(x) = 1$，得到普通克里格公式

$$Z_{OK}^*(x) = \sum_{i=1}^{n(x)} \lambda_i(x) \cdot Z(x_i) \quad (2-11)$$

普通克里格的估值方差为

$$\begin{aligned} \sigma_E^2 &= E[Z(x) - Z_x^*]^2 = E[Z(x) - \sum_{i=1}^{n(x)} \lambda_i(x) \cdot Z(x_j)]^2 \\ &= C(x,x) - 2\sum_{i=1}^{n(x)} \lambda_i C(x_i, x) + \sum_{i=1}^{n(x)} \sum_{j=1}^{n(x)} \lambda_i \lambda_j C(x_i, x_j) \end{aligned} \quad (2-12)$$

根据估计方差最小原则，设

$$F = \sigma_E^2 - 2\mu \cdot [\sum_{i=1}^{n(x)} \lambda_i(x) - 1] \quad (2-13)$$

式中：F 为 n 个权重系数 λ_i 和 μ 的 $(n+1)$ 元函数；-2μ 为拉格朗日乘数。求 F 对 λ_i 和 μ 的偏导数，并令其为零，得克里格方程组

$$\begin{cases} \dfrac{\partial F}{\partial \lambda_i} = 2\sum_{j=1}^{n(x)} \lambda_i C(x_i, x_j) - 2C(x_i, x) - 2\mu = 0 \\ \dfrac{\partial F}{\partial \mu} = -2(\sum_{i=1}^{n(x)} \lambda_i - 1) = 0 \end{cases} \quad (2-14)$$

整理之后得到

$$\begin{cases} \sum_{j=1}^{n(x)} \lambda_i C(x_i, x_j) - C(x_i, x) = \mu \\ \sum_{i=1}^{n(x)} \lambda_i = 1 \end{cases} \quad (2-15)$$

通过线性方程组求解，得到权重系数 λ_i 和拉格朗日乘数 μ，代入式（2-12）、式（2-15）便可获得克里格估值和克里格估计方差 σ_E^2。

3. 指示克里格法

指示克里格法(Indiccator Krige Method,IK)是一种较为常用的非线性估值方法,是将对区域化变量 $Z(x)$ 的研究转化为对其指示函数的研究。应用指示克里格法进行矿体品位估值的过程主要包括指示变换、累计概率分布函数计算和指示克里格估值三个步骤。

(1)指示变换。通过对原始数据分析获得品位分布,确定一组作为对样品数据进行指示变换的阈值 $\{Z_k\}$ $(k=1,2,\cdots,k-1,k)$,同时满足: $Z_{\min}=Z_0<Z_1<Z_2<\cdots<Z_{k-1}<Z_k<Z_{\max}$,根据阈值转换为指示化数据对,其公式为

$$i(x,Z_k) = \begin{cases} 1 & Z(x) \leqslant Z_k \\ 0 & Z(x) > Z_k \end{cases} \quad (k=1,2,3,\cdots,k-1,k) \quad (2-16)$$

各组数据以 0,1 形式组织,通过指示化数据,对待估区域内平均值在某一范围内的概率进行估计。

设待估点 X 处阈值小于 Z_k 的概率为 $F(u,Z_k)$,设 P 为概率,$E(X,Z_k)$ 表示待估点 X 处阈值小于 Z_k 的数学期望,其关系式为

$$F(u,Z_k) = P\{z(u) \leqslant Z_k\} \quad (2-17)$$

由式(2-16)、式(2-17)可知

$$F(u,Z_k) = P\{I(u,Z_k)=1\} = 1 \times P(I(u,Z_k)=1) + 0 \times P(I(u,Z_k)=1)$$
$$(2-18)$$

而

$$EI(u,Z_k) = 1 \times P(I(u,Z_k)=1) + 0 \times P(I(u,Z_k)=1) \quad (2-19)$$

因此

$$F(u,Z_k) = EI(u,Z_k) \quad (2-20)$$

式(2-19)表示在未知点 X 处,出现数据值小于 Z_k 的概率为 X 处指示化变量 $I(X,Z_k)$ 的数学期望。

(2)累积概率分布函数计算。通过累计概率分布函数计算指示化数据估计值,其定义如下:设样品指示化数据为 $I(X_i,Z_k)$,其中 $k=1,2,3\cdots,K$;$i=1,2,3\cdots,N$,N 为样本点个数。未知点 X 处的指示化估计值为 $I^*(X_i,Z_k)$,其中 $k=1,2,3,\cdots,K$。计算式(2-20),其中可利用普通克里格法求出权系数 λ_i。

$$[I(X,Z_k)]^* = \sum_{i=1}^{N}[\lambda_i I^*(X_i,Z_k)] \quad (2-21)$$

(3)指示克里格估值。设待估块体为 X,CCDF 在 Z_{k-1} 和 Z_k 处的估计值之差 $[F^*(Z_k|(N))-F^*(Z_{k-1}|(N))]$ 即为块体 X 的品位出现在阈值 $[Z_{k-1},Z_k]$ 之间的平均概率。在 $[Z_k-Z_{k-1}]$ 范围内取一个代表性品位 Z'_k,计算可得待估块体 X 范围内的平均品位估计值,公式为

$$Z^*(X) = \sum_{k=1}^{k} Z'_k [F^*(Z_k|(N)) - F^*(Z_{k-1}|(N))] \quad (2-22)$$

由以上步骤可知,指示克里格法不要求数据服从某种特定分布,同时也不依赖数据空间平稳假设。

2.2.5 随机模拟原理与方法

随机模拟是根据采集的空间信息,人工合成反映变量空间分布的模型,模型具有可选、高精度和等概率的特点。其中,每个模型都是对原始数据的真实反映,能够反映参数的细微变化且模拟参数与采集的空间样品具有一致的特征。

基于地质统计学的随机模拟方法是继克里格估值算法后发展的一个分支,由 Deutsch 和 Goovaerts 等在蒙特卡罗(Monte Carlo)方法的基础上提出。随机模拟将每次计算前期的估算结果列为已知条件,参与下一次的模拟过程。该算法综合考虑了整体统计性质和估值结果的空间相关性,能够更完好地再现真实数据的空间分布。随机模拟包括条件模拟和非条件模拟。条件模拟是在非条件模拟的基础上,以数据点位的模拟值等同于实测值作为约束(Journal and Huijbregis,1978;Haldorsen and Damsleth,1990;Journel and Alabert,1990),以序贯高斯模拟为例,简述随机模拟的基本原理和方法。非条件模拟是利用计算机产生一个随机分布,这个随机分布应是某一随机函数的实现,且其一阶矩和一阶矩同构于所设定的空间变异函数模型。

1. 序贯模拟基本原理

序贯模拟(Sequential Simulation)的过程,是沿随机路径顺序地求取各格网点的局部条件概率分布(Local Condition Probability Distribution,LCPD),从中随机抽取模拟值。在计算某象元条件概率分布函数的条件数据时,除原始数据外,本次计算之前的所有模拟结果作为已知条件加入模拟过程。

2. 序贯高斯模拟过程

在不同的序贯模拟方法中,估计 LCPD 的计算方式也不同。当多元高斯克里格方法用于序贯模拟方法中时,该算法称为序贯高斯模拟,它的条件是假设 LCPD 符合典型的正态分布。其过程是沿着随机路径序贯地求取各节点的条件累计分布函数(Conditional Cumulative Distribution Function,CCDF),并从中提取模拟值。用于求取 CCDF 的条件数据不仅包括原始样品点,还包括已模拟好的点,其目的是充分利用更多条件数据来恢复变量的空间相关性。具有 N 个节点 $y^{(i)}(x'_j)$ 格网上的连续属性 Z 的序贯高斯模拟步骤如下:

(1)检验多元高斯随机函数模型适用度,利用正态分变换(Normal Score Transform)把 Z 数据变为具有标准正态分布的 y 数据。检验 y 数据的二元正态性,如果不满足多元高斯随机函数模型,则采用其他 LCPD 的产生方式,如序贯指示模拟算法。

(2)定义一条随机路径,依次访问格网上各个节点。对每个节点 x' 利用克里格方法计算 CCDF 的均值和方差。从 CCDF 中提取模拟值,将模拟值添加到已知数据集中,使它成为模拟下一个节点的条件数据。

(3) 继续对下一个节点重复步骤(2)并一直循环到所有的节点都被模拟完成为止。

(4) 模拟结束后,将主变量的模拟正态数值 $y^{(l)}(x'_j)(j=1,2,\cdots,N)$ 反变换回原始变量模拟值。

2.2.6 地质体三维建模与空间信息预测

空间信息预测技术是地质体三维模型构建的核心算法,在进行地质界面模拟、矿体表面生成、块体估算的过程中,都需要进行大量的地质空间插值计算,插值计算在一定程度上决定了地质体三维模型的建模效率和准确性。不同的插值算法有着不同特点和适用范围。对于目前在地学领域广泛应用的克里格算法和随机模拟算法来说,两种算法间因不同的理论差别而具有不同的建模特点。克里格算法以无偏性和最优性为估值结果的限制条件,根据已知数据对未知点数据求解估值的最适当权重,利用滑动加权求得估值结果。随机模拟算法每次产生 CCDF 的数据不仅包括原始数据,还包括上一节点产生的模拟数据,同时对于条件模拟来说,在实测点的模拟值应该等同于该点的真实值。

目前常用的线性克里格算法在采样数据密集的情况下,依据其无偏估计和最优估计的原则能取得较好的插值结果,但当采样数据稀疏且属性特异值明显时,该算法显示出较强的平滑效应,在采样点不足的情况下,线性克里格算法难以对地质体厚度和品位等地质变量的波动性做出较精确的估算。非线性克里格算法可利用递增指示阈值产生的 CCDF 对估值点进行较精确的计算,能够在一定程度上避免平滑效应的产生,但因其概率分布函数的产生仅局限于单一空间位置,并未考虑估值结果的全局空间变异性,因此,无法从根本上解决估值结果局部精确但整体不确定的问题。由克里格算法和随机模拟算法原理比较可知,两种插值方法从不同的角度揭示了数据的空间特性且有着不同的适用范围:在采样钻孔密集、地质数据完备的情况下进行储量估算时,利用克里格算法能获得储量的精确估算结果;当地质资料不足且钻孔分布稀疏时,利用随机模拟算法能够再现矿体空间变异规律及品位分布与波动特性。因此,每种插值方法都有其适用范围和优缺点,只有依据地质空间建模数据的具体特征、空间分布、实际环境和适合于地质数据空间分布特点的空间插值方法,才能构建具备直观、可用特点的地质体三维模型。

2.3 讨论与小结

本章论述了地质体三维空间数据模型的基本概念及基本理论,对空间数据模型的定义和特点进行了详尽描述,对面元模型、体元模型、混合模型和集成模型的组成、特点及应用领域进行了详细对比。阐述了地质统计学理论与空间信息预测方法在矿山三维建模过程中的作用,介绍了克里格算法与随机模拟算法等空间信息预测技术的应用方法和基本思路。

参考文献

王维德,B. M. 阿列尼切夫,M. H. 科瓦廖夫,A. H. 弗拉基米罗夫,1995. 菱镁矿股份公司露天矿采矿工程计划编制自动化[J]. 国外金属矿山(12):70-74.

程朋根,2005. 地矿三维空间数据模型及相关算法研究[D]. 武汉:武汉大学.

杜培军,郭达志,田艳凤,2001. 顾及矿山特性的三维 GIS 数据结构与可视化[J]. 中国矿业大学学报,30(3):238-243.

冯学智,都金康,2004. 数字地球导论[M]. 北京:商务印书馆.

贺怀建,白世伟,赵新华,等,2002. 三维地层模型中地层划分的探讨[J]. 岩土力学,23(5):637-639.

侯景儒,黄竞先,2001. 地质统计学在固体矿产资源/储量分类中的应用[J]. 地质与勘探,37(6):61-66.

A. G. 儒尔奈耳,C·H·J. 尤日布雷格茨,1982. 矿业地质统计学[M]. 侯景儒,黄竞先,杨尔煦,等,译. 北京:冶金工业出版社.

侯景儒,尹镇南,李维明,等,1998. 实用地质统计学[M]. 北京:地质出版社.

赫尔丁,龙子芳,1989. 三维矿床的计算机构模方法[J]. 国外金属矿山(3):95-96.

胡金星,吴立新,高卫贞,等,1999,三维地学模拟体视化技术的应用研究[J]. 煤炭学报,24(4):345-349.

李清泉,李德仁,1997. 八叉树的三维行程编码[J]. 武汉测绘科技大学学报,22(2):102-106.

李清泉,1998. 基于混合结构的三维 GIS 数据模型与空间分析研究[D]. 武汉:武汉测绘科技大学.

齐安文,吴立新,李冰,等,2002. 一种新的三维地学空间构模方法——类三棱柱法[J]. 煤炭学报,27(2):158-163.

王仁铎,胡光道,1988. 线性地质统计学[M]. 北京:地质出版社.

吴信才等,2009. 地理信息系统原理与方法[M]. 北京:电子工业出版社.

杨东来,张永波,王新春,等,2007. 地质体三维建模方法与技术指南[M]. 北京:地质出版社.

张景雄,2008. 空间信息的尺度、不确定性与融合[M]. 武汉:武汉大学出版社.

张仁铎,2005. 空间变异理论及应用[M]. 北京:科学出版社.

赵树贤,1999. 煤矿床可视化构模技术[D]. 北京:中国矿业大学(北京校区).

朱小弟,李青元,曹代勇,2001. 基于 openGL 的切片合成法及其在三维地质模型可视化中的应用[J]. 测绘科学,26(1):30-32+1.

BITZER K,1999. Two-dimensional simulation of clastic and carbonate sedimentation, consolidation, subsidence, fluid flow, heat flow and solute transport during the formation of sedimentary basins[J]. Computer & Geosciences, 25(4):431 – 447.

DEUTSCH C V, JOURNEL A G, 1992. Geostatistical software library and user's guide[M]. New York: Oxford University Press.

GARGANTINI I, WALSH T R, WU O L, 1986. Viewing transformations of voxel-based objects via linear oetrees[J]. IEEE Computer Graphics and Applications, 6(10):12 – 21.

GARGANTINI I, 1982. Linear octrees for fast processing of three-dimensional objects[J]. Comupter Graphics and Image Processing(20):365 – 374.

HALDORSEN H H, DAMSLETH E, 1990. Stochastic Modeling[J]. Journal of Petroleum Technology, 42(4):404 – 412.

JOURNAL A, HUIJBREGIS C H, 1978. Mining geostatisitcs[M]. New York: Academic Press.

JOURNELA G, ALABERT F, 1990. New method for reservoir mapping[J]. Jour Petroleum Technology, 42(2):212 – 218.

PILOUK M, 1996. Integrated modelling for 3D GIS[D]. The Netherland: International Institute for Aerospace Survey and Earth Sciences.

RONG X L, 1994. Data strueture and application issues in 3D geographic information system[J]. Geomatic, 48(3):209 – 224.

WARBURTON P M, 1983. Acomputer progrom for reconllstructing blocky rock geometry and analyzing single block stability[J]. Congress & Geosciences, 11(6):707 – 712.

WU LX, 2004. Topological relations embodied in a generalized Tri-Prism(GTP) model for a 3D geosciences modeling system[J]. Computers & Geosciences(30):405 – 418.

3 基于语义尺度的地质体三维多模型构建

地质体三维建模与可视化技术是实现数字矿山建设的核心技术,是采取一定数据结构与表达方式建立的反映矿床地质结构特征的数学模型(武强和徐华,2004;吴立新,2000)。地质体三维模型为矿山企业在勘探设计、施工计划、目标决策等方面提供了有效的地质依据和实用价值,是矿山数字化的重要步骤。地质体三维模型的合理使用将极大提高矿山的设计能力和生产效率。

矿山企业在生产预测、评价、设计过程中,对地质体三维模型有着不同层次的需求。在资源评价阶段,需要预测矿山在开采和运输过程中可采储量的特征变化情况;在采矿设计阶段,需要根据矿石品位和矿体厚度的波动性来编制采矿计划与配矿方案;在生产勘探回采阶段,需要对矿石三级储量中的备采储量进行精确估算。因此,模型需要实现对矿体空间实体全局性、波动性、精确性的真实反映。对于矿山地质空间实体的这种多粒度特性,传统地质体三维模型建模方法及其单粒度的显示方式显然无法体现。本章根据地质过程认知的多尺度特点,结合地质统计学估值和模拟算法,提出了基于语义尺度的地质体三维多模型构建原理和方法,应用于矿山企业的生产过程。

3.1 地质体三维建模与矿山地质过程

3.1.1 地学认知与地质体三维建模

认知是人类对现实世界认识和了解的整个过程,是知觉、注意、表象、学习、思维、概念形式、问题求解等之间有机联系的信息处理过程。通过对客观世界信息的采集、存储、转换、分析和应用,人类对客观事物的本质、特征与规律逐步认识、理解并掌握,最终完成对客观世界的概念描述和表达。地理空间认知是指人们对地理空间的理解、分析和决策的过程,涵盖对地理信息的获取、编码、存储、记忆和解码等一系列心理步骤,是人们对地理空间实体的感知、思维、编码、解码、记忆、表达的过程。

地学认知是人类对地学实体及其现象、本质、相互关系的研究过程。地学认知的重点是对地学实体的真实反映,人类的地学认知包括对地学实体和现象的感知、地学记忆、地学思维、地学推理、表象再现和解决问题等过程(吴立新和史文中,2003)。作为认知的主体,人类对于地学对象的认知分为感性认知和理性认知两个方面:感性认知建立在模糊和抽象的基础上,无法用精确的语言或数学方法进行描述;理性认知则可以通过数学的方法描述地学现象,通过数据描述和反映地学对象的特征和关系。

构建地质体三维模型的过程,也就是对矿山地下地质体及地质现象的研究过程。作为地球表层系统的一个组成部分,地质体经历了亿万年的地质历史过程,出现了产生、转变、消亡等多种地质现象,地质现象的相互作用和历史演变构成了地球的物质组成、内部构造、外部特征及各圈层之间的相互作用和外在体现。因此,地质体和地质现象等信息需在认知、斟选、表达与量化后,转变为计算机所能管理和处理的内容,从而在此基础上建立地质体三维模型。

3 基于语义尺度的地质体三维多模型构建

矿山三维模型的构建是在地学空间数据基础上对矿山地下地质体的三维数字化重建过程，不同的专家学者在地质模型的建立过程中存在不同技术思路，在模型构建阶段性、多源数据耦合、拓扑关系、地质知识表达等不同的方面虽各有侧重，但其核心思路基本相通，即以多源地质数据为基础、以地质理论为原则，结合专家对地质现象的认知，将以点、线为基本形式的散布式的、局部的地质资料解释结果在三维空间中进行综合表达，恢复地下地质界面和地质体的空间形态和组合关系，进而完成三维地质构造形态的重现。因此，地质体三维建模是对地质现象认识的延续过程，是人们对真实的地质现象从认知的概念世界到数字世界的实现过程，三维模型的建立实现了地学认知从感性阶段到理性阶段的飞跃（Wu and Xu, 2004；徐华和武强，2001；吴立新等，2003；吴立新等，2002；吴立新和史文中，2003；Mallet, 2002；Michel et al., 2005）。图3-1为地质体三维建模体系结构的简要描述，其中主要包括地质数据处理、地质体实体建模及模型分析与应用三个阶段。

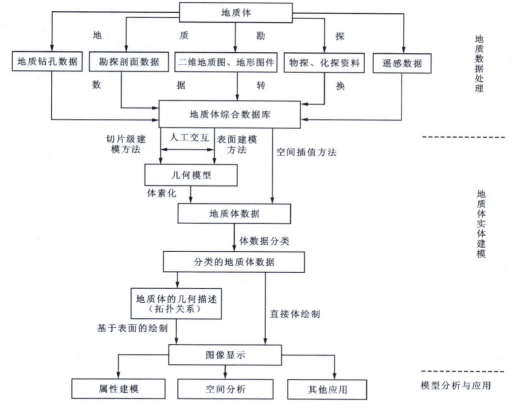

图3-1 地质体三维建模体系结构

3.1.2 矿山地质过程

根据地理空间灰色理论和认知理论，地上和地表空间数据是可被完全认知或相对精确的白色数据，而矿山地下数据集是依据地质勘探、物化探、地震勘测等有限手段取得的，属有限可知的灰色数据范畴,这些数据并不能完全真实、准确地表达矿山地质体的几何形体与属性。随着矿山地质过程的深入,地质数据集逐渐丰富准确,矿山地质数据完成了灰色至白色的转换过程(史忠植和余志华,1990)。

矿山地质过程分为地质勘查和矿山开采两个部分。地质勘查是完成矿山地质体的调查研究和获取资料信息的过程。它是研究矿山地质条件、矿床赋存规律、矿体变化特征的主要方法,根据工作内容的不同,矿山地质勘查可分为区域地质调查、普查、详查、勘探四个阶段:区域地质调查阶段的任务是在选定范围,按照一定的任务和相应的规范要求,运用地质理论和各种工作技术手段,初步了解矿产资源远景;普查阶段的任务是发现并初步探明区内地层层序、赋矿层位、岩性(岩相)组合、厚度等地质、构造情况;详查阶段的任务是基本查明区内矿体的产状、厚度、规模、形态、内部结构和空间分布等矿体特征;勘探阶段的任务是详细查明矿体的数量、矿体层序、产状、厚度、规模、形态、内部结构和空间位置。在地质勘查过程的详查、勘查阶段,根据所勘查矿床的复杂程度,将勘查过程细分为Ⅰ、Ⅱ、Ⅲ三种矿床勘查类型,分别对应简单、中等和复杂三个等级的矿床,每种矿床勘查类型分别对应不同的勘查工程间距,矿床越复杂则勘查网度越细密。矿山开采部分是地质勘查结束后进行的矿山生产过程,为了满足生产过程中矿体的爆破、切割、配矿等精细化作业的要求,需在地质勘查阶段获取的地质资料基础上对矿床进行更深入的生产勘探,完成对矿体形态、产状、矿石质量、品级分布等信息的精确描述。根据生产勘探的深入程度,生产勘探过程分为开拓、采准和回采三个阶段(成都地质学院,1980;侯德义,1988;阿尔波夫等,1958)。

矿山地质的全过程是地学信息认知的深入过程和矿山地下数据集的丰富过程。随着矿山地质过程中各阶段工作的完成,矿山地下数据完成了由疏到密、由模糊到精确的采集过程,为矿山地质体三维模型的建立提供了不同程度的数据基础(图3-2)。

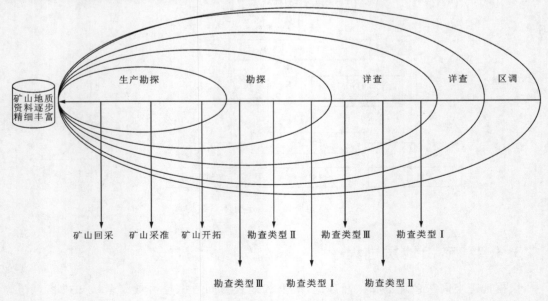

图3-2 矿山地质过程与地质数据采集的完善过程

3.2 基于语义尺度的矿山多模型构建原理

3.2.1 地理信息数据多尺度特征

尺度是一种人们对客观事物或现象的某个方面进行度量和界定的规范及标准，是地理空间和地理目标的本质特征。尺度的内涵、外延和分类在不同的环境和条件下有着不同的定义和特征描述。Lam 和 Quattrochi(1992)对尺度特征的描述主要集中在多维性和二重性两个方面。Peuquet(1994)认为所有地理现象均可用属性、空间、时间三者结合描述，并以此构建了空间尺度的 TRAID 模型。艾廷华和成建国(2005)针对空间信息的尺度内涵提出了广度、粒度和频度三要素的理念。刘凯等(2008)在 Lam 的尺度模型基础上提出地理信息尺度的三重概念体系，即地理信息尺度的种类、维度和组分。尽管研究者对空间信息尺度研究的目的不同，但都认为地理信息的抽象程度的表述需依托时间、空间、语义三个方面来规范。因此，地理信息数据的尺度特征表现在时间多尺度、空间多尺度和语义多尺度三个方面，其定义如下(李军和周成虎，1999)。

(1)空间多尺度。按照地球系统中各部分规模的大小不同以及对空间范围表达的大小不同，可将地理信息数据分为不同的层次，即空间多尺度。空间数据的多尺度具有综合性特点，相同的数据源根据空间数据的表达内容的规律性、相关性和数据自身规则，能够形成不同尺度规律的空间数据集，并且生成的不同尺度的数据集涵盖数据源的空间特征和属性变化。

(2)时间多尺度。时间多尺度是指地理信息数据表示的时间周期及数据形成的周期有不同的长短。在地学过程中，空间尺度与时间尺度往往存在一定的联系，较大的空间尺度一般对应较长的时间周期，如研究全球范围内的地质演化经常以几亿年为周期进行。根据时间周期的长短，地学数据的时间尺度可分为季节尺度数据、年尺度数据、时段尺度数据、人类历史尺度数据和地质历史尺度数据。在地学领域，空间数据几乎涵盖了从"周、月、年"到地质年代的全部时间尺度。

(3)语义多尺度。语义是词、短语、符号代表(指称或称为)的事物或意念，是数据对应的客观世界中事物代表概念的含义以及这些含义之间的关系，也是数据在某个领域上的解释和逻辑表示。语义具有领域性特征，不属于任何领域的语义是不存在的(束定芳，2013)。

相对于语义尺度，大多数研究者对地理信息数据的空间和时间尺度关注较多，而语义代表的是地理事物实体及其属性的具体含义，它通过概念和属性蕴含的语义描述地理实体的性质特征，以使该实体具备区别于其他地理实体的语义特征。因此，语义尺度是表述地理信息抽象和详细程度的重要指标。

3.2.2 矿山地质模型语义尺度结构

从地理信息数据多尺度特征的三个方面可以看出，不同的尺度下，地学实体对象展现出不同的空间形态和结构，因此，对地学实体的多尺度表达是人们对客观世界各种地学现象和空间形态进行不同程度抽象的必然需求。针对地下矿山而言，相对于时间尺度和空间尺度，矿山模型更易于利用其语义尺度的多层次性提高模型构建的效率和灵活性，其多层次性表现在以下三个方面。

(1) 矿山地质过程中地学认知的多层次性。矿山空间的认知过程随着对矿山的调查、研究及信息获取而完善，每个过程分阶段依次进行，是由矿山对象的性质、特点及勘查和开发实践的需要所决定，因此，认知过程呈现出阶段性和多层次性。

(2) 矿山地质模型需求的多层次性。负责矿山勘查、设计、施工、管理等的各部门对地质模型有着不同的应用需求，勘查部门需要根据地质模型进行矿产资源潜力评价，对勘查对象进行成矿预测并规划下一阶段勘查重点；设计部门需要根据地质模型制订生产计划和配矿比例；施工部门需要根据地质模型进行精细采挖。以上不同应用需求都需匹配不同的矿山三维模型。

(3) 插值建模算法的多层次性。建立地质模型时需进行大量的空间插值计算。由上一章内容可知，每种插值方法都有着各自适用的范围和优缺点，因此根据矿山地质数据的质量和模型建立的目的不同，需选择不同的空间信息预测方法。所以，建模过程中插值算法的选择同样具有多层次性。

根据模型语义尺度多层次的特点，本节以矿山生产目的、矿山地质过程、矿山三维构模插值算法的选取为基础提出了矿山地质体三维建模语义的三维尺度结构——过程语义、目标语义、算法语义。其概念表征如图3-3所示。

3.2.3 语义三维尺度内在关联及矿山地质体多模型序列建立

对过程语义和目标语义而言，其内在关联具有同一性。在区域地质调查阶段，地质工作仅存在少量工程验证，其目的是初步了解矿产资源远景，因此，该阶段无须建立矿山地质体三维模型。过程语义在矿产勘查阶段主要研究矿体的赋存规律（形状、产状、品位）和变化特征，需要构建的是符合地质规律的矿山地质体三维模型，这与目标语义中的预测、评价和控制相对应。在生产勘探阶段，过程语义主要研究矿床构造和精确估算矿产储量过程，对矿山模型的精度要求较高，这与生产目标中的查明、设计和开采等语义相互对应。因此，目标语义和过程语义具备同一性特点，表现为各自的语义属性分类层次相互对应。

算法语义对过程语义和目标语义具有依赖性，即算法语义的尺度刻画受到过程语义和目标语义的制约。随着过程语义和目标语义层次的增加，算法语义尺度层次将随之逐步细化。如在矿产勘查阶段建立矿山模型时，需采用具有多解性的模拟算法作为地质空间的插值算法，通过多次模拟，对矿层高程、矿种品位等空间数据进行插值计算，利用模拟算法空间

3　基于语义尺度的地质体三维多模型构建

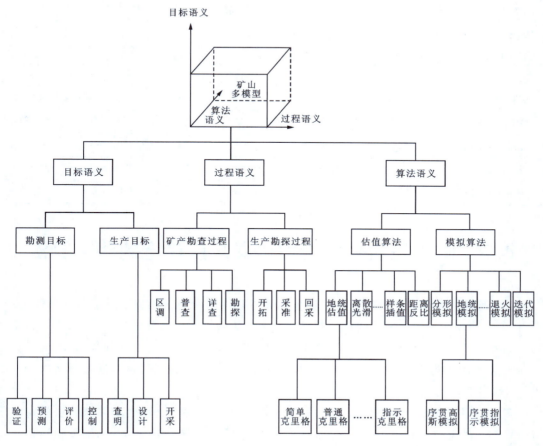

图 3-3　矿山地质模型语义三维尺度结构

相关性的特点，建立可反映矿体全局性和波动性的矿山地质体三维模型。在生产勘探阶段，则需选择无偏及误差最小的估值算法，构建精细的矿山三维模型。

语义尺度中的语义层次划分，是依据描述抽象程度的不同而构成的由高至低的等级体系，刻画语义尺度层次的主要指标是语义粒度，语义粒度表达的是语义层次中的属性的级别。对过程语义、目标语义和算法语义来说，各语义尺度层次的划分同样依据其各自特定的语义粒度进行表达。

根据矿山地质体建模语义三维尺度结构的概念及各语义之间的内在联系，建立基于语义尺度的矿山地质体三维多模型序列（Multiple Sequence of Three Dimensional Models of Mine，MS3DMODEL）。该序列由六个尺度层次组成，每个尺度层次由语义三维尺度体系中定义的特定语义组成，各特定语义尺度由相应的语义粒度进行表达，矿山三维多模型序列结构如表 3-1 所示。

表 3-1　矿山三维多模型序列结构

矿山三维多模型序列 MS3DMODEL	目标语义 (Object Semantic)		过程语义 (Procedure Semantic)		算法语义 (Interpolation Semantic)	
	语义粒度	语义内涵	语义粒度	语义内涵	语义粒度	语义内涵
MS3DMODEL1	O-SEM1	预测	P-SEM1	普查	SGS-SEM1	模拟算法
MS3DMODEL2	O-SEM2	评价	P-SEM2	详查	SGS-SEM 2	模拟算法
MS3DMODEL3	O-SEM3	控制	P-SEM3	勘探	SGS-SEM 3	模拟算法
MS3DMODEL4	O-SEM4	查明	P-SEM4	开拓	SGS-SEM 4	模拟算法
MS3DMODEL5	O-SEM5	设计	P-SEM5	采准	KRI-SEM1	估值算法
MS3DMODEL6	O-SEM6	生产	P-SEM6	回采	KRI-SEM1	估值算法

3.3　矿山地质体多模型语义尺度设定的相关算法

矿山地质体多模型序列的各层次模型代表着矿体不同的抽象程度。矿体全局性、波动性、精确性的表达体现在地质资料完备程度及模型的插值计算过程中。由表 3-1 多模型序列对应的目标语义和过程语义可知，随着语义尺度层次亦即语义粒度的加深，矿山地质资料逐渐丰富，地质体模型表现出从全局性到精确性的渐进过程，该渐进过程通过算法语义中的语义粒度层次划分得以实现。

多模型序列 MS3DMODEL1/2/3/4 对应算法语义为模拟插值，由于模拟算法的每次模拟结果都是矿山模型的一次真实实现，每次模拟的结果之间存在一定差异，即模拟结果具有多解性，因而仅用某次模拟计算的结果构造矿山模型，矿体的赋存规律将无法得到真实反映，模拟计算的次数也为一不确定值。因此，模拟算法语义粒度 SGS-SEM1/2/3/4 之间存在着差异性，该差异性的存在就构成了模拟算法语义粒度划分的依据。而多模型序列 MS3DMODEL5/6 对应的克里格估值则不同，克里格估值的目的是对矿体进行精确估值，其无偏最优的估算结果具有唯一性，相应的语义粒度 KRI-SEM5/6 具同一性特点，可合并表示为单一粒度。

因此，矿山地质体多模型序列语义层次划分重点在于模拟算法语义粒度的设定。本节通过对估值与模拟算法原理的对比分析，提出了以置信度为约束的模拟算法语义粒度划分方式，实现三维模型对矿体的空间性与精确性的多层次表达。本书中的插值算法分别以克里格估值与随机模拟算法中的高斯模拟为例。

3.3.1　克里格估值与序贯高斯模拟的数学关联

序贯高斯模拟与克里格估值尽管都属于地质统计学范畴，但算法原理并不相同。序贯高斯模拟每次的计算结果都是对真实数据 $Z_o(x)$ 同构的随机函数 $Z_{sc}(x)$ 的一次实现，$Z_{sc}(x)$

具有与 $Z_o(x)$ 相同的数学期望及二阶矩(协方差与变差函数),且在已知点 $Z_{sc}(x)$ 与 $Z_o(x)$ 取值相同。克里格估值则是利用无偏性和估值误差方差最小的特性,计算各估值点权重并完成对待估点的插值,从 LUO(1998)、赵彦锋等(2010)的相关文献可推导出两者间的数学联系。

根据序贯高斯模拟的原理,在 x_m 位置的模拟值 $Z_{sc}(x_m)$ 等于该处条件概率分布函数的期望值加上随机数 L_m 与该条件概率的分布函数标准差的乘积,其中 $L_m \sim N(0,1)$ 是期望为零、方差为 1 的标准正态分布。因此,该点的模拟值用公式表达为

$$Z_{sc}(x_m) = m(x_m) + C(x_m, x_j)C^{-1}(x_i, x_j)(Z(x_i) - m(x_i)) + L_m \sqrt{C(x_m, x_m) - C(x_m, x_j)C^{-1}(x_i, x_j)C(x_j, x_m)} \quad (3-1)$$
$$(i, j = 1, 2, \cdots, n, n+1, \cdots, n+m-1)$$

式中:$C(x_i, x_j)(x, y = 1, 2, \cdots, n)$ 为已知点之间的协方差函数;$m(x_m)$ 为待估点 m 的数学期望值。随着模拟路径的遍寻,已知点容量逐次增加,数目为:$n+1, n+2, \cdots, n+m-1$。

根据克里格估值无偏性和估值误差方差最小的特性,待估点 x_m 的克里格估值 $Z_k(x_m)$ 表示为

$$Z_k(x_m) = m(x_m) + \sum_{i=1}^{n} \lambda_i [Z(x_i) - m(x_m)] \quad (3-2)$$

式中:满足克里格估值误差方差最小的最优条件公式为 $\sum_{i=1}^{n} \lambda_i = C(x_m, x_j)C^{-1}(x_i, x_j)$;$\lambda_i$ 为各参与估值各点的权系数,$\sum_{i=1}^{n} \lambda_i = 1$。当已知点容量逐次增加时($n \rightarrow n+1, n+2, \cdots, n+m-1$),最优条件公式变换为 $\sum_{i=1}^{n+m-1} \lambda_i = C(x_m, x_j)C^{-1}(x_i, x_j)$。将变换后最优条件公式代入式(3-1),得

$$Z_{sc}(x_m) = m(x_m) + \sum_{i=1}^{n} \lambda_i [Z(x_i) - m(x_m)] + L_m \sqrt{S(x_m)} \quad (3-3)$$

式中:$S(x_m)$ 为 x_m 处的克里格误差方差,因此由式(3-2)和式(3-3)可得序贯高斯模拟与克里格估值的数学关系式为

$$Z_{sc}(x_m) = Z_k(x_m) + L_m \sqrt{S(x_m)} \quad (3-4)$$

由式(3-4)可得序贯高斯模拟与克里格估值的数学关联:每个插值点的序贯高斯模拟值等于该点的克里格估值加上一个随机偏差,该随机偏差为该点的克里格误差均方差与一个随机数的乘积,且此随机数服从标准正态分布,即数学期望为零,方差为 1。因此,可推导出以下结论:序贯高斯模拟值的数学期望等于克里格估值的数学期望与随机偏差的数学期望之和,又因为随机偏差的数学期望为零,因此,当模拟次数增加时,该点模拟值的平均数将趋近于克里格估值。

3.3.2 置信度约束下模拟算法语义粒度的量化表达

由上文内容可知,当模拟计算次数增加时,模拟值的数学期望将趋近于克里格估值。因

此，利用多次模拟结果平均值建立的矿体模型，不仅能反映数据的平均趋势，再现矿体的空间分布规律和波动性，还可避免平滑效应的产生，较为准确地反映矿体的真实数值模型。同时，随着语义层次的增加和矿体采样数据的完善，逐渐增加模拟插值的次数，根据其平均值所建立的矿山三维模型，在保持矿体空间全局性的前提下，表现出建模精度逐渐增加的特点，这一点与矿山三维多模型序列的层次定义相符合。根据以上推论和论述，对于模拟算法语义粒度 SGS-SEM1/2/3/4，笔者提出以置信度作为约束条件，实现对模拟算法语义粒度进行划分的量化表达方式。其原理如下。

将模拟平均值和克里格估值分别定义为近似值和真值，以两者置信区间估计的置信度变化作为模拟算法语义粒度的判断依据，根据模拟计算平均值的数学期望趋近克里格估值的特点，当置信度 α 值固定且模拟次数增加时，模拟平均值落在置信水平为 $1-\alpha$ 的置信区间内的概率越大；当模拟次数固定且 α 值增加时，模拟平均值落在置信水平为 $1-\alpha$ 的置信区间内的概率越小。因此，对于多模型序列 MS3DMODEL1/2/3/4，对各语义层次设定相应递增的置信度 α，随着语义粒度 SGS-SEM1/2/3/4 的增加，α 值也逐渐增大，通过 α 的约束产生相应的模拟计算次数也逐渐增加，最终通过置信度 α 值的设定，可实现模拟算法语义粒度划分的量化表达。

对各未知点进行模拟的平均值总体 x 来说，变量符合正态分布特点，亦即 $x \sim (\mu, \sigma^2)$，其中 μ 为区间估计的真值，该处定义为未知点的克里格估值，此时 μ 为已知值而方差 σ 为未知值。在利用置信度确定模拟计算次数时，为便于计算，可将其转化为假设检验中的显著性检验相关算法得以实现，以下为证明过程。

设 $|\underline{\theta}(x_1, \cdots, x_n), \overline{\theta}(x_1, \cdots, x_n)|$ 是采用序贯算法对未知点 x 进行 n 次模拟后平均值的取值范围，θ 为未知点 x 的克里格估值，设 θ 置信水平为 $1-\alpha$，有

$$p_\theta \{\underline{\theta}(x_1, \cdots, x_n) < \theta < \overline{\theta}(x_1, \cdots, x_n)\} \geqslant 1-\alpha \quad (3-5)$$

定义 θ_{sim} 为对未知点 x 进行 n 次模拟后的平均值，考虑显著性水平 α 的双边检验，$H_0: \theta_{\text{sim}} = \theta, H_1: \theta_{\text{sim}} \neq \theta$，$H_0$、$H_1$ 分别为接受域和拒绝域，由公式（3-5）可得：

$$p_{\theta_{\text{sim}}} \{\underline{\theta}(x_1, \cdots, x_n) < \theta_{\text{sim}} < \overline{\theta}(x_1, \cdots, x_n)\} \geqslant 1-\alpha \quad (3-6)$$

$$p_{\theta_{\text{sim}}} \{(\theta_{\text{sim}} < \underline{\theta}(x_1, \cdots, x_n)) \bigcup (\theta_{\text{sim}} > \overline{\theta}(x_1, \cdots, x_n))\} \leqslant \alpha \quad (3-7)$$

故拒绝域 H_1 为 $\theta_{\text{sim}} < \underline{\theta}(x_1, \cdots, x_n)$ 或 $\theta_{\text{sim}} > \overline{\theta}(x_1, \cdots, x_n)$，接受域 H_0 为 $\underline{\theta}(x_1, \cdots, x_n) < \theta_{\text{sim}} < \overline{\theta}(x_1, \cdots, x_n)$。因此，显著性水平检验可通过判断 θ 置信水平为 $1-\alpha$ 的置信区间 $(\underline{\theta}, \overline{\theta})$、观察区间 $(\underline{\theta}, \overline{\theta})$ 内是否包含 θ_{sim} 来实现，如果包含则接受 H_0，否则拒绝。

由以上证明可知，置信区间的判定与显著性水平检验具有相互转换的关系，置信度与显著性水平在对模拟次数的判定上具有相同的意义。根据置信度计算模拟次数 SimCount 的算法实现，显著性检验采用基于成对数据检验的 t 检验法。

步骤1：根据多模型序列层次选择模拟算法语义粒度 SGS-SEMi（$i=1,2,3,4$），根据 i 值不同，选择对应的不同置信度 α_i 值（$i=1,2,3,4$ 且 $\alpha_1 < \alpha_2 < \alpha_3 < \alpha_4$）。

步骤2：随机选取 M 个未知点，对 M 个未知点进行克里格估值计算，记录其估值结果为 $(y_1,\cdots,y_m)$。由于 t 检验法适用于小样品检验，且样品数大于45时其统计量分布近似于标准正态分布，因此 M 取值需小于45。

步骤3：对 SimCount 设置初始模拟次数 $N(N\geqslant 2)$。

步骤4：对 M 个未知点进行 SimCount 模拟计算，记录模拟计算平均结果 $(x_1,\cdots,x_m)$。

步骤5：利用 t 检验法对平均模拟值和估值组成的数据组 $(x_1,y_1),(x_2,y_2),\cdots,(x_m,y_m)$ 进行显著性水平为 α_i 的显著性检验，当 $|t|$ 值落在拒绝域中时，令 SimCount＝SimCount＋1 并返回到步骤4，否则进入下一步。

步骤6：将模拟次数 SimCount 赋予相应的算法语义粒度 SGS-SEM$i(i=1,2,3,4)$。

3.4　基于语义尺度的矿山地质体多模型构建过程

矿山地质体模型构建的对象涵盖矿山地下的地层、矿体、断层、褶皱等空间实体，对于喷流沉积型、火山沉积型等层状（似层状）地质体及受构造控制的囊状、豆荚状等非层状矿体而言，三维模型有着不同的构模方式，众多学者对此进行了深入研究和探索。在层状矿体模型构建方面，朱良峰等（2004）、陈国良（2009）以钻孔和剖面数据为基础提出了以"钻孔-层面模型"方法构建层状地质体三维模型。龚君芳（2008）在利用约束四面体网格构建层状地质体方面做了深入探讨。李江和刘修国（2014）提出了地层与断层无缝集成的构模方法。非层状地质体三维模型的建立以基于剖面建模为主，是在二维勘探剖面的基础上通过剖面分组、表面拟合、体元剖分等步骤建立地质体三维模型。刘海英等（2009）、孟祥宾（2010）、杨利荣（2013）对基于勘探剖面构建三维模型的方法进行了探讨和研究。

笔者借鉴和参考了地质体建模的相关研究成果，在基于语义尺度的矿山地质体多模型建模原理基础上，对地质体结构模型和属性模型的构建过程进行了改进，对包含断层的层状地质体结构多模型和非层状地质体属性多模型提出了相应的构建过程。

3.4.1　层状地质体结构多模型构建方法与步骤

层状地质体结构多模型构建以"主 TIN"建模与"钻孔-层面"等建模方式为基础，在模型构建过程中，需考虑断层、褶皱等复杂地质结构导致的地质层面的不连续性和突变性。包含断层的层状地质体结构多模型构建主要过程为：根据钻孔数据对矿体进行分层，提取各层控制点高程数据，利用矿体顶板控制点加密建立整个矿层的主网格，根据语义三维尺度模型选择对应的多模型构建序列及插值方法，采用估值或模拟算法插值计算各矿层主网格数据，拟合断层和矿层面，经曲面重构和局部优化，形成层状矿体的地质体结构模型。构模流程如图3-4所示，其过程分为六个步骤。

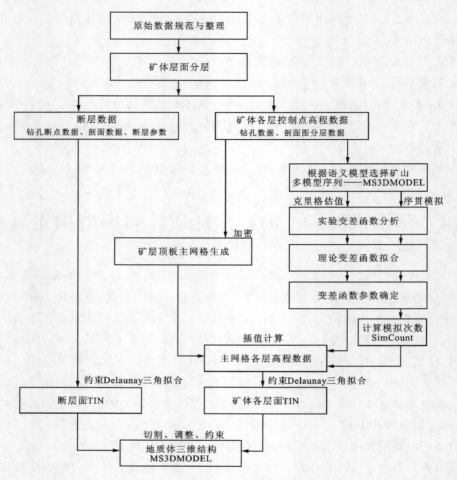

图 3-4 复杂层状矿体多模型构建过程

步骤 1：数据处理。对不同类型\精度的原始数据按模型预先设计的数据库格式进行整理，将整理后的各类数据如钻孔断点数据、钻孔分层数据、地质剖面数据等进行分类保存。

步骤 2：数据加工。针对断层数据，对稀疏的断点数据加密、插值，同时根据地质工作经验对数据进行补充修正，对地质剖面图反映的各地层与断层的交切关系以及各个断点的准确坐标进行完善补充。利用钻孔数据将矿体层面进行分层处理并提取各层控制点高层数据，将矿层顶板数据进行加密，构造整个矿层的主网格模型，各矿层层面控制点的高程信息将由主网格模型插值得到。

步骤 3：变差函数分析。根据语义三维尺度模型选择对应的矿山多模型构建序列。无论选择克里格估值还是序贯模拟计算，都需要首先利用变差函数理论对采样数据进行分析并确定变差函数参数，该阶段包括实验变差函数分析、理论变差函数拟合、各向异性套合等步骤。对于模拟计算中的序贯高斯模拟，在实验变差函数分析前需先将数据进行正态得分转换,待插值计算完成后再对插值结果进行逆变换。

步骤4:地质层面高程数据插值。根据多模型序列层次,选择不同算法语义粒度,插值计算矿体各层高程数据。提取矿体各层控制点高程数据作为样本数据,利用已生成的主网格模型和变差函数参数,采用估值或模拟算法生成主网格在各矿层的高程数据。对于克里格估值算法,根据步骤3中变差函数分析中的区域化变量特征,选择普通克里格、泛克里格、指示克里格等具体算法加以实现。对于序贯模拟算法,首先选取样本数据,根据3.3节SimCount的计算方法确定模拟次数,然后对各矿层的高程数据进行多次模拟计算,取其平均值作为最终插值计算结果。

步骤5:三角网层面拟合。利用各矿层的高程数据对每个矿层层面分别进行拟合,利用断层参数数据、断点数据、剖面数据等断层数据,采用约束Delaunay三角剖分算法将矿层拟合为合理的断层面网格。

步骤6:地质体三维结构实体模型生成。利用曲面求交运算,将矿层面与断层面进行切割、调整约束处理,矿体各层面与断层面经交切处理与局部重构后,生成一体化的含断层地质体三维结构模型。

3.4.2 非层状地质体属性多模型构建方法与步骤

非层状地质体三维模型通常基于矿体的剖面,以面-体混合数据模型方式进行构建。这种混合建模方式一方面利用了表面模型快速显示的优点,准确反映矿体的轮廓和边界;另一方面可利用块体模型中体块携带的属性信息,对结构复杂、各向异性的非均质矿体进行完整表达,其基本建模流程包括剖面分组、表面拟合、体元剖分、插值计算等。

在以上建模方法的基础上,结合地质体三维语义尺度结构,提出非层状地质体属性多模型构建方法,建模过程增加了语义层次判断、置信度约束计算、模拟插值等步骤,其中结构模型和属性模型分别采用不规则三角网(TIN)和规则体元数据结构模型。建模技术路线:首先,利用地质资料和钻孔数据构建勘探剖面,提取矿体轮廓,采用剖面重构方法建立矿体表面模型,通过约束条件对结构模型进行规则块体剖分,建立矿体的块体模型;然后,通过钻孔样品组合和特异值处理,选择与语义模型匹配的语义算法粒度,以品位属性为区域变量进行变差函数分析,采用估值或模拟方法插值生成矿体属性模型。构模流程如图3-5所示。

构模步骤如下。

步骤1:数据处理。对钻孔数据、地质剖面数据、解释地震数据等不同类型和不同精度的原始数据做整理入库工作,生成勘探剖面图。

步骤2:矿体圈定。根据地质矿产勘查工业矿体圈定规范对矿石类型和矿石品级进行判断,依据地质规律并结合矿体特征、矿化规律、控矿因素和勘探工程间距进行矿体连接。

步骤3:剖面数据准备与剖面轮廓对应。在勘探剖面图上提取矿体圈定后的轮廓数据,建立剖面分组和轮廓对应关系。

步骤4:矿体实体轮廓构建。按照矿体趋势,利用轮廓线重构技术,采用三角网构建矿体三维结构模型。

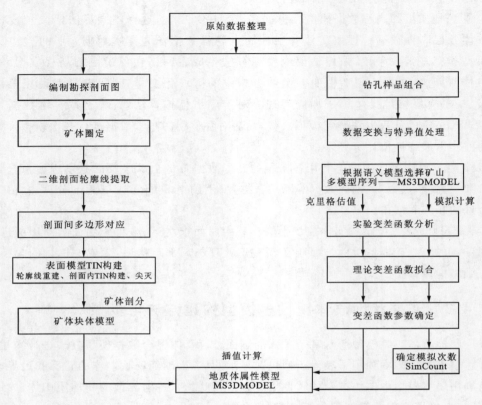

图 3-5 地质体属性多模型构建流程

步骤 5：矿体块体模型构建。利用块体剖分方法将实体模型划分为规则矿体块体模型。

步骤 6：采样与预处理。通过矿样组合划分，消除样品因长度不均造成品位不均匀分布的问题。

步骤 7：变差函数分析。利用变差函数理论对样品组合后品位数据进行分析并确定理论变差函数参数。

步骤 8：多模型序列判断。根据过程或目标语义尺度层次确定多模型序列，对于 MS3DMODELi ($i=5,6$)，算法语义粒度为克里格估值，跳转至步骤 9 进行克里格估值。对于 MS3DMODELi ($i=1,2,3,4$)，算法语义粒度为模拟算法，根据该语义层次置信度 α，利用 3.3 节算法计算模拟次数 SimCount。

步骤 9：插值计算地质体属性多模型。利用矿体品位变差函数参数对矿体块体模型进行插值计算。对于克里格估值，根据品位区域化变量特征选择普通克里格、泛克里格、指示克里格等算法生成该语义层次属性模型。对于模拟算法，利用序贯高斯模拟、序贯指示模拟等算法且根据步骤 8 生成的 SimCount，多次模拟计算后取其平均值，与步骤 5 的块体模型约束后生成该语义层次的三维属性模型。

3.5 讨论与小结

本章从地学认知与矿山地质过程的角度,对矿山地质数据的多尺度特征及其语义内涵进行了详细论述,根据矿山应用目标、矿山地质过程和插值算法语义尺度的多层次性特点,提出了矿山地质建模语义三维尺度结构的概念。在此基础上,提出了基于语义尺度构架的矿山地质体多模型序列的构建原理和方法,论证了克里格估值与随机模拟算法的数学联系,提出了利用置信度参数对模拟计算进行约束的有关算法,实现了模拟算法语义粒度的量化表达。对传统矿山地质体三维结构模型和属性模型的建模流程进行改进,提出了矿山三维多模型流程构建的实现方法与步骤。

参考文献

М. Н. 阿尔波夫,А. М. 贝博奇金,В. М. 罗吉诺夫斯基,1958. 矿山地质学[M]. 鲁青,李春林,等,译. 北京:地质出版社.

艾廷华,成建国,2005. 对空间数据多尺度表达有关问题的思考[J]. 武汉大学学报(信息科学版),30(5):377-382.

陈国良,2009. 基于地质断面的多约束复杂地质体重构技术研究及应用[D]. 武汉:中国地质大学(武汉).

成都地质学院,昆明工学院,1980. 找矿勘探学(上、下册)[M]. 北京:地质出版社.

龚君芳,2008. 基于约束四面体网格的三维地学模拟研究[D]. 武汉:中国地质大学(武汉).

侯德义,1988. 找矿勘探地质学[M]. 北京:地质出版社.

李江,刘修国,2014. 矿山三维模型无缝集成方法与研究[J]. 资源环境与工程,28(4):610-615.

李军,周成虎,1999. 地学数据特征分析[J]. 地理科学,19(2):158-162.

刘海英,刘修国,李超岭,2009. 基于地质统计学法的三维储量估算系统研究与应用[J]. 吉林大学学报(地球科学版),39(3):541-546.

刘凯,毋河海,艾廷华,等,2008. 地理信息尺度的三重概念及其变换[J]. 武汉大学学报(信息科学版),33(11):1178-1181.

孟祥宾,2010. 复杂地质体块体建模方法研究[D]. 青岛:中国海洋大学.

史忠植,余志华,1990. 认知科学和计算机[M]. 北京:科学普及出版社.

束定芳,2013. 现代语义学[M]. 2版. 上海:上海外语教育出版社.

吴立新,陈学习,史文中,2003. 基于GTP的地下工程与围岩一体化真三维空间构模[J].地理与地理信息科学,19(6):1-6.

吴立新,史文中,2003.地理信息系统原理与算法[M].北京:科学出版社.

吴立新,张瑞新,戚宜欣,等,2002.3维地学模拟与虚拟矿山系统[J].测绘学报,31(1):28-33.

吴立新,2000.数字地球、数字中国与数字矿区[J].矿山测量(1):6-9+62.

武强,徐华,2004.三维地质建模与可视化方法研究[J].中国科学(D辑:地球科学),34(1):54-60.

徐华,武强,2001.基于层状结构的三维地质体可视化设计与实现[J].计算机应用,21(12):59-60.

杨利荣,2013.复杂矿体结构三维建模与储量计算方法研究——以某地区铀矿床为例[D].成都:成都理工大学.

赵彦锋,孙志英,陈杰,2010.Kriging插值和序贯高斯条件模拟算法的对比分析[J].地球信息科学学报,12(6):767-776.

朱良峰,吴信才,刘修国,等,2004.基于钻孔数据的三维地层模型的构建[J].地理与地理信息科学,20(3):26-30.

LAM N, QUATTROCHI D A, 1992. On the issues of scale, resolution, and fractal analysis in the mapping sciences[J]. Prof Geogr(44):88-98.

LUO X C, 1998. Spatiotemporal stochastic models for earth science and engineering applications[D]. Montreal: University of McGill.

MALLET J L, 2002. Geomodeling[M]. New York: Oxford University Press.

MICHEL P, BEITING Z, JEAN F R, et al., 2005. Knowledge-driven applications for geological modeling[J]. Journal of Petroleum Science and Engineering, 47(1-2):89-104.

PEUQUET D J, 1994. It's about time: a conceptual framework for the representation of temporal dynamics in geographic information systems[J]. Annals of the Association of American Geographers, 84(3):441-461.

WU Q, XU H, 2004. On three-dimensional geological modeling and visualization[J]. Science in China Series D: Earth Sciences, 34(1):54-60.

4 地质体三维模型不确定性来源与传递

不确定性(Uncertainty)基于理论方法学所定义,指在描述对象、对象特征以及过程中缺乏的确定性。GIS 空间信息的不确定性是指在位置、时域和属性方面所表现的可度量与不可度量误差的特性,地质体三维模型是 GIS 地学空间信息定量化研究的重要领域,其不确定性表现为描述地质体、地质特征及地质过程中所缺乏的确定性(Bardossy and Fodor,2002)。作为固有的属性,地质体三维模型不确定性产生的原因:一方面,来源于地质体本身的不确定性;另一方面,在模型的建立过程中,信息采集、信息综合、成果表达等各阶段都会因误差的存在而产生一定的不确定性,且不确定性具备从上一阶段传递到下一阶段的可能,从而导致了不确定性的积累和传播(赵鹏大等,1996;赵鹏大等,1983)。

为了提高地质体三维模型的应用效率及其应用程度,需要对模型的不确定性有明确的认识,因此模型的不确定性分析成为评估三维模型质量的重要过程。本章对建模数据源本身的采集与测量误差、地质特征的参数表达、专家解释、干预及建模方法等影响三维模型质量的不确定性因素进行了归纳总结,分析了模型构建过程中的不确定性传递机理,建立了不确定性传递模型,对不确定性传递模型中的主要算法做了相应描述,以地质体三维属性模型为例,讨论了模型插值计算过程中不确定性的传递过程及实现。

4.1 GIS 空间信息不确定性

不确定性作为客观世界或实体本身具有的变异性,表现为不精确性、随机性和模糊性(史文中,2005)。由于现实世界的复杂性和模糊性、人类对客观实体与现象认识的局限性以及原始数据本身不可避免地含有误差,在空间信息领域的数据采集、分析处理过程中,不确定性的存在严重制约着其实用化的进一步发展和应用(邬伦等,2002)。

4.1.1 GIS 不确定性研究内容

GIS 主要由三个部分组成,即数据、系统和模型。这三个部分在不同程度上都与不确定性理论存在直接或间接的联系。因此,GIS 的不确定性研究内容涵盖上述三个方面。根据美国国家地理信息与分析中心(National Center for Geographic Information and Analysis,NCGIA)提出的三大研究课题之一《空间数据的准确率和不确定性》的具体内容、相关国际会议提出的空间数据不确定性问题的研究内容、美国纽约州立大学 Buffalo 分校国家地理信息和分析中心提出的 19 个 GIS 研究方向中的相关内容,参考邬伦等(2002)、史玉峰等(2006)发表的相关不确定性研究文献,将 GIS 不确定性研究内容归纳如下。

1. GIS 数据不确定性研究

(1)位置数据不确定性:空间信息对实际空间位置的正确表达程度。
(2)属性数据不确定性:空间信息对实际空间属性的正确表达程度。
(3)时域数据不确定性:空间信息对时间定义的正确表达程度。

(4)数据来源不确定性：空间信息不确定性来源分析及相互作用。
(5)数据不完整性：空间数据集能否实现对实体的完整表达。
(6)逻辑不确定性：包括属性、格式与拓扑结构一致性的不确定性。

2. GIS 系统不确定性研究

(1)系统采集、存储与管理过程不确定性：GIS 系统在数据采集、编辑、存储、查询、空间分析过程中的不确定性。
(2)组织过程中的不确定性：空间矢量数据、栅格数据、矢量数据与栅格数据相互转换过程中的不确定性。
(3)数据分析与数据计算过程不确定性：网格分析、叠加分析、缓冲分析、空间统计分析等数据处理过程中的不确定性。

3. GIS 模型不确定性研究

(1)建模分析与表达不确定性：不确定性传递、不确定性建模、不确定性可视化表达。
(2)模型不确定性评价：模型不确定性分析与质量评价。
(3)工程不确定性评价与控制：工程不确定性预测与评价、工程不确定性控制方法与策略。

4.1.2　GIS 不确定性研究方法

不确定性的研究属于非线性复杂问题范畴，适于用非线性科学方法来开展研究。不确定性估计方法分为基于理论的解析法和基于观测量的试验法两大类，解析法适用于服从统计分布、静态的情况，而试验法适用于复杂的过程估计，蒙特卡罗法是试验法中常用的模拟方法。目前主要的不确定性研究方法如下。

1. 熵理论方法

熵是信息论中的一个基本概念，是对信息源不确定性的度量。当认识的主体对客体缺乏必要的知识时，表现为对被研究的客体具有某种不确定性，当获得信息后，这种不确定性得以减少或消失。主体获得信息的多少与客体不确定性的消除程度有关。利用熵理论对测量结果的不确定性进行评定的方法主要有两种：①直接根据样本的信息熵计算测量值的不确定度；②用最大熵方法确定出样本的概率分布，再根据此概率分布计算测量结果的估计及其不确定度。其特点是在小样本容量下能获得可靠的评价结果。

2. 神经网络方法

在不确定性评价过程中，通常需要建立空间数据处理过程的数学模型，但事实上该模型的建立较为复杂，神经网络方法则能够在较少样本条件下获得较高的建模精度。该方法基于径向基函数神经网络的非参数测量模型，其理论核心是利用对训练样本的聚类结果来确定基函数的中心(王中宇等,2000)。

神经网络具有较强的非线性映射能力,在多维非线性建模、多维非线性函数逼近等领域得到了广泛应用。径向基函数神经网络是一种两层前传网络,执行一种固定不变的非线性变换,将输入空间映射到一个新的空间,输出层在新的空间中实现线性组合。模型建立后可利用差商的方法计算各因子的灵敏系数(误差及不确定度),按照一定的数学方法求出空间数据处理结果的不确定度。神经网络建模方法不需要对象的先验知识,无论对象模型为线性或非线性,均可根据测量数据直接建模,避免了传统回归模型方法需要事先确定回归模型结构的难点,神经网络方法的这种特性尤其适用于对空间数据的不确定度进行评定。

3. 可信度方法

可信度方法是斯坦福大学 E. H. Shortliffe 等人在确定性理论(Theory of Confirmation)的基础上,结合概率论及非概率和非形式化的推理过程后提出的一种不确定性推理模型。可信度方法首先在人工智能的专家系统中得到了成功应用,是不确定推理领域中使用较早且最简单有效的一种推理方法。

可信度(Certainty Factor,CF)又称可信度因子或规则强度,是指人们根据以往经验对某个事物或现象为真的程度的一个判断,或者说是人们对某个事物或现象为真的相信程度。可信度带有较大的主观性和经验性,所以较难把握准确度。可信度的定义一般通过概率给出,设 $CF(H,E)$ 表示证据 E 中出现结论 H 成立的支持程度,$CF(H,E)$ 形式化定义为

$$CF(H,E) = \begin{cases} 1, & p(H) = 1 \\ MB(H,E) - 0 = \dfrac{P(H|E) - P(H)}{1 - P(H)}, & p(H|E) > p(H) \\ 0, & p(H|E) = p(H) \\ 0 - MD(H,E) = \dfrac{P(H|E) - P(H)}{-P(H)}, & p(H|E) < p(H) \\ -1, & p(H) = 0 \end{cases} \quad (4-1)$$

式中:MB(Measure Belief)称为信任增长度,$MB(H,E)$ 表示在证据 E 下对结论 H 为真的信任度的增加量;MD(Meaure Disbelief)称为不信任增长度,$MD(H,E)$ 表示在证据 E 下对结论 H 不信任度的增加量;$P(H)$ 表示 H 发生的先验概率;$P(H/E)$ 表示当 E 为真时,H 发生的条件概率(王文杰和叶世伟,2004)。

$MB(H,E)$ 定义为

$$MB(H,E) = \begin{cases} 1, & 若 P(H) = 1 \\ \dfrac{\max\{P(H|E),P(H)\} - P(H)}{1 - P(H)}, & 否则 \end{cases} \quad (4-2)$$

$MD(H,E)$ 定义为

$$MD(H,E) = \begin{cases} 1, & 若 P(H) = 0 \\ \dfrac{\min\{P(H|E),P(H)\} - P(H)}{-P(H)}, & 否则 \end{cases} \quad (4-3)$$

根据以上定义,CF、MB、MD 具有如下性质。

(1)互斥性。同一证据,无法同时增加对 H 的信任程度与增加对 H 的不信任程度,因此 MB 与 MD 互斥。

(2)值域。

$$0 \leqslant \text{MB}(H,E) \leqslant 1$$
$$0 \leqslant \text{MD}(H,E) \leqslant 1$$
$$-1 \leqslant \text{CF}(H,E) \leqslant 1$$

(3)典型性。

当 $\text{CF}(H,E)=1$ 时,有 $P(H/E)=1$,即 E 所对应的证据使得 H 为真。此时 $\text{MB}(H,E)=1$,$\text{MD}(H,E)=0$。

当 $\text{CF}(H,E)=-1$ 时,有 $P(H/E)=0$,即 E 所对应的证据使得 H 为假。此时 $\text{MB}(H,E)=0$,$\text{MD}(H,E)=1$。

当 $\text{CF}(H,E)=0$ 时,有 $P(H/E)=P(H)$,即 H 与 E 独立,E 所对应的证据对 H 不产生影响。

4.2 地质体三维模型不确定性来源

4.2.1 地质体三维模型与不确定性

自 Simon W. Houlding 提出三维地质建模概念以来,随着相关理论方法研究的深入,三维地质建模的应用也从最初的地球物理、矿山和油藏工程等地质模拟与辅助工程设计,拓展到了数字矿山建设、城市立体地质调查、岩石圈结构、水利工程建设等涉及国计民生的诸多领域(潘懋等,2007;余接情等,2013;钟登华等,2005)。国内外研究人员也从关注三维模型的构建与可视化表达,转为关注模型精度、误差分布和不确定性的定量评价等方面(Caumon et al.,2009;Jessell et al.,2010;Lindsay et al.,2012;Turner,2006;武强和徐华,2013;何彬彬等,2004;史文中,2000)。

本质上,地质体三维模型是指利用空间信息理论建立一个具有地质意义的数学模型,从而实现对地质体的形态及其内部物理、化学属性空间展布规律的表达。因此,三维模型除实际地质含义外,还应具备精确、可靠的特点。然而,矿山三维空间信息获取的艰难性、地质体的复杂性、地质现象的多解性及建模数据与规则的不精确性,使得建模过程中的各个环节都有可能隐藏着不确定性,这些不确定性的存在影响了地质体三维结构模型的空间精度、形态、拓扑关系及其后续的应用拓展。

地质体三维模型的构建过程是利用地质剖面、工程钻孔、断层、褶皱构造等多源地质数据,结合插值拟合等算法进行数学模拟的过程,是对矿区地质情况、矿产赋存等情况的描述和表示。三维模型可为矿山生产的规划、设计、决策及储量估算等应用内容提供依据。由于存在不确定性，矿山三维模型只能实现对地质体的近似描述，从而限制了利用模型对矿山三维空间数据进行分析和应用的有效性。因此，建立一套完整的矿山三维模型不确定性分析、传递和评价机制，能够实现对矿山三维模型进行质量评估的功能，达到最大化提高模型利用效率的目标。

4.2.2 不确定性来源

1. 不确定性问题

建立地质体三维模型的每个环节都存在不确定性问题。

(1) 在原始地质资料的获取过程中，仪器的精度限制、地质勘查方案的不合理、人工操作的误差、数据解译的不准确、样品分析的误差等都会影响所获取资料的精度和准确性。

(2) 在建立矿山地质资料数据库过程中，由于矿山原始地质数据的类型、来源、格式、表达方式、量纲等的多样性，数据质量检查和预处理过程将导致原始信息的遗失、不准确或不一致等现象。

(3) 在根据地质资料解析和重构矿体、断层、夹石等地质体轮廓线的过程中，建模人员对解译结果的解释、推理及表达存在一定的主观性。

(4) 在构建矿体结构模型过程中，地质情况的复杂性、构面、构体算法的局限性等都会影响所构建实体模型的准确性。

(5) 在进行样品组合，分析样品数据的分布规律时，划分组合样的主观性以及数据分析方法的多样性等会导致分析结果存在不确定性。

(6) 不同的空间信息预测方法在构建矿体结构模型和属性模型的过程中会导致插值结果的不确定性。

2. 不确定性来源分类

通过对建模过程中各环节存在的不确定性进行汇总，将矿山三维建模不确定性来源分为以下五类。

(1) 数据采集和测量误差。主要指建模数据在采集、测量、解释过程中产生的误差、偏差和不精确度，如来自地层产状、地层分界位置、矿床产状、勘探工程、勘探剖面和地表地质图、样品分析、分层岩性等的误差。

(2) 数据不完整性和不一致性。这类不确定性主要由建模数据的来源、类型、格式、表达方式、量纲等多样性所引起。

(3) 随机不确定性。这类不确定性由在矿体表面、块体模型的构成过程中选择不同的内插或外推算法所引发，且与相应的算法有直接关联。

(4) 认知不完整引起的不确定性。这类不确定性产生原因主要是地质的复杂性、数据的有限性导致人类对地下地质结构认知不足，如对地质构造、矿体模型和夹石的圈定过程认知不足，其中涉及对断层、褶皱等复杂地质构造的确定、矿体圈定参数的设置、尖灭参数的设置、矿体面和夹石面的连接等的认知。

（5）建模软件引起的不确定性。这类不确定性主要是由建模软件使用的标准和算法所引起。笔者采用因果关系模型对影响矿山三维模型不确定性的来源进行了结构化描述（图4-1）。

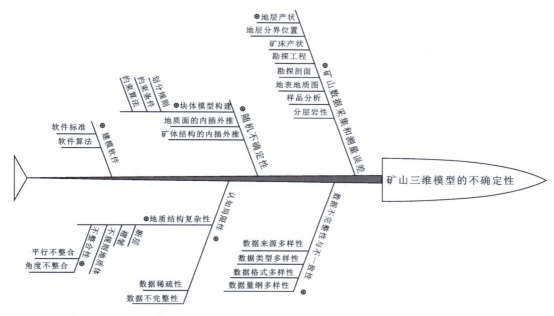

图4-1 地质体三维模型不确定性来源因果图

4.3 地质体三维模型的不确定性传递

在Goodchild等（1994）定义的数据生命周期概念中（指数据从原始观测值到最终文件存档的所有数据处理过程），数据在整个生命周期的传输过程中，由于各阶段误差的存在，数据精度很容易被改变，因此精度是数据的动态属性之一。只有对误差的传递过程及规律进行有效的分析研究，才能完成对数据的重新精度评价过程，最终保证足够的数据精度和数据的可用性。

4.3.1 地质体三维模型不确定性分布与传递

由矿山三维模型的不确定性来源分析可知，矿山模型的不确定性存在于建模过程的各个环节，贯穿于矿山地质数据的获取、整理、入库以及三维模型可视化的整个建模流程。

矿山数据在采集、测量、计算、处理和人工解译过程中，各种类型误差的分布、累积和传播构成了矿山三维建模不确定性的传递过程。图4-2为矿山建模过程中的误差分布概况。

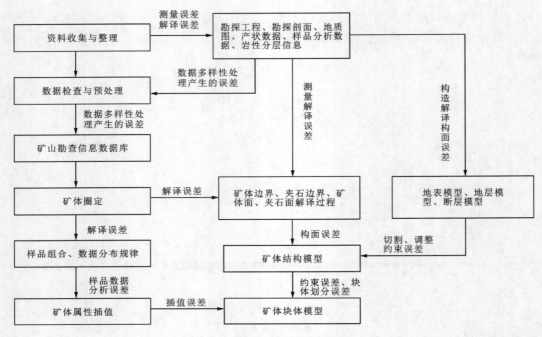

图 4-2 三维建模过程误差分布图

由于设备、技术的局限性,人为认知的主观性,三维建模过程中各阶段出现误差是不可避免的。因此,只有对建模过程中的各环节进行不确定性分析并研究不确定性的传递规律,才能实现对构建的矿山三维模型进行不确定性和精度的评价,并对矿山三维建模技术进行补充和完善。

三维建模过程中各阶段的不确定性会在建模过程的各个阶段传递与累积,因此,不确定性传递过程可描述为

$$\mathrm{TDM\_U} = P(U)(D_1,D_2,\cdots,D_n) \quad (4-4)$$

式中:TDM_U 为矿山三维建模结果的不确定性;$P(U)$ 为建模过程中对数据的处理过程;D_n 为建模数据集。矿山三维模型的不确定性传递分析原理:对于矿山三维建模过程中输入的包含不确定性的建模数据集 D_n,通过建模操作过程 $P(U)$,观察建模结果的不确定性 TDM_U 并进行分析研究。

当不确定性传递的处理过程为线性或非线性可导函数时,其研究过程相对简单,采用传统误差传播定律,利用解析法即可对不确定性的传递过程进行定量分析。由于矿体本身的复杂性、多样性及地质工作人员认识的不完备性,矿山三维建模过程 $P(U)$ 表现为非线性和不可导性,无法利用传统误差传播定律进行近似描述,因此该类问题一直为不确定性研究中的难题。

由矿山三维建模过程中的误差分布状况可知,矿山三维模型的不确定性传递过程是一个复杂系统,存在多个输入与输出,各不确定性元素间存在内在关联及耦合过程。因此,本

节将其不确定性传递过程中误差较为集中的阶段作为主要阶段,分别对每一阶段的不确定性传递进行独立解析,通过对不确定性传递每一阶段的显示及隐式传递算法的描述,简化矿山三维建模过程中的不确定性传递研究过程(李德仁等,1995)。

4.3.2 矿山三维建模不确定性传递模型

矿山三维建模不确定性研究的理论基础涉及经典误差理论、概率论、模糊数学、熵理论、神经网络、人工智能等非线性科学理论,不同的研究方法和理论都有其特定的不确定性表达量度和取值范围,如基于统计理论的均值、方差、协方差矩阵,基于熵理论的最大熵、混合熵、平均熵等不确定性表达方式。在矿山建模过程中,根据不同的研究理论及建模过程中各阶段特点,可选择不同的不确定性度量模型对其不确定性进行分析研究。为了对矿山三维建模不确定性传递过程进行统一数学描述,本节基于人工智能领域中的不确定性推理理论,采用可信度方法对矿山三维模型的不确定性传递模型进行描述,利用可信度作为不确定性传递过程的统一度量单位,并根据矿山三维模型构建特点,对可信度方法中的 C-F 模型进行了改进。

1. 不确定性推理

不确定性推理是指建立在不确定性知识和证据基础上的推理,知识的不确定性包括随机性、模糊性、自然语言中的不确定性以及其他不确定性。其实质是一种从不确定的初始证据出发,通过应用不确定性知识,最终推出具有一定程度的不确定性但同时又是基本合理的结论的思维过程,包括不完备、不精确知识推理、模糊知识推理等(罗兵等,2011),其分类如图 4-3 所示。

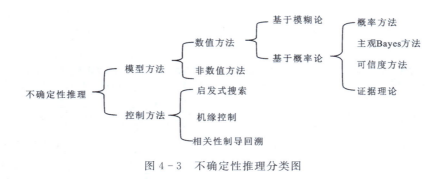

图 4-3 不确定性推理分类图

基于概率论的可信度方法是不确定性推理中应用较广且有效的方法之一。可信度是指对某一事物为真的相信程度,用 C-F 模型表示,其取值在[-1,1]范围内,也称为可信度因子。可信度因子可分别表示证据、规则等的可信度,同时可用于描述不确定性的传递与合成等问题(马鸣远,2006;朱福喜等,2006;Mccarthy,1987;Astrom,1989;Russell and Norvig,2006)。基于可信度方法的不确定性推理过程是从不确定的初始证据出发,利用知识不确定性、不确定性更新、组合证据不确定性等相关知识,推出最终结论和该结论的可信度的过程。

2. 不确定性传递模型

三维地质建模过程中的不确定性传递过程与不确定性推理网络类似,可通过对该推理网络中可信度的传递实现对不确定性传递过程的描述。为简化描述过程,笔者可信度取值范围为[0—1],即当可信度值越大时,不确定性越小,结果越接近"真";反之则不确定性越大,结果越接近"假"。

由图4-1、图4-2所示的建模不确定性来源和误差分布状况可知,三维建模中的不确定性主要集中在建模数据整理、三维结构建模和三维属性建模三个阶段。对于地质体三维模型来说,每种模型都对应着相应的数据集合,因此,三维建模过程中的不确定性传递也就等同于各阶段数据集合的不确定性的传递过程。基于此,笔者提出三维地质建模的不确定性传递模型(图4-4)。

由图4-4可知,在矿山建模数据整理阶段,矿山建模数据集合可信度(DS-R)由原始数据的多源不确定性合成所得,多源不确定性集包括勘探工程的测量误差、勘探剖面的解译误差、地质图的解译误差、产状数据的测量误差、样品数据的分析误差等,多源不确定性集以$\{U_{dpr_n}\}$表示。矿山结构模型可信度(SM-R)是在上一阶段建模数据集合不确定性的基础上,叠加结构建模过程中的所有不确定性后经传递而得到的,结构建模过程中的不确定性集包括矿体圈定解译误差、插值误差、构造约束误差等,不确定性集以$\{U_{spr_n}\}$表示。矿山属性模型可信度(AM-R)是在结构模型不确定性基础上叠加样品分析数据的误差、属性插值和建模参数误差等属性建模不确定性集并经传递所形成的,属性建模不确定性集以$\{U_{apr_n}\}$表示。

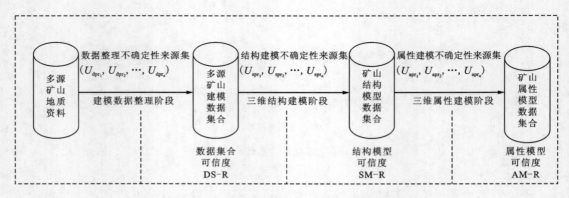

图4-4 矿山三维建模不确定性传递模型

由三维建模不确定性传递模型的描述可知,三维建模不确定性的传递过程就是地质资料数据的原始误差在每个阶段合并、叠加、累积并传递到下一个阶段的过程。这个过程包含不确定性来源集中各证据可信度的合并传递和建模过程中产生的可信度叠加传递。其中,建模数据集合可信度(DS-R)由合并传递计算产生,结构模型可信度(SM-R)和属性模型可信度(AM-R)由叠加传递计算产生。

根据三维建模的不确定性传递模型,以可信度方法 C-F 模型规则为基础,提出三维建模不确定性传递模型的推理网络图(图 4-5),该图显示了不确定性在传递模型中的形成与传递情况。对于建模数据集合可信度(DS-R)而言,作为不确定性推理网络的初始证据,其可信度的合成由原始数据不确定度的合取与析取过程生成(如 U_{dpr_1}、U_{dpr_2}),与传统可信度方法中每个证据的可信度都有领域专家进行赋值的情况不同,矿山建模过程中,各证据的可信度存在多样性和复杂性,因此需要考虑原始数据在确定不确定性过程中本身即存在由不确定性推理计算过程产生的情况(如 U_{dpr_1} 由 $U_{dpr_{11}}$ 及 $U_{dpr_{12}}$ 通过推理计算生成),对于知识可信度 U_{spr} 及 U_{apr} 而言,其生成过程与 DS-R 等同($U_{spr_1} > U_{spr_{11}} \& U_{spr_{12}}$,$U_{apr_1} > U_{apr_{11}} \& U_{apr_{12}}$)。由图 4-5 可知,三维结构模型可信度(SM-R)与三维属性模型可信度(AM-R)都是以前一阶段生成的结论作为证据,与该阶段相对应知识可信度经不确定性推理计算生成的。

以图 4-5 为例,对三维地质建模过程中的不确定性传递步骤描述如下。

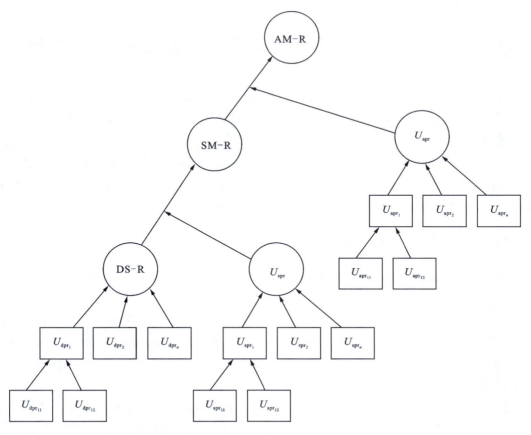

图 4-5 矿山三维建模不确定性推理网络图

(1)确定数据整理不确定性来源集中的各证据可信度。利用不确定性合成算法生成矿山三维模型的初始证据的可信度(DS-R)。在对不确定性来源集中的所有证据进行可信度赋值时,对可信度由多条知识所支持的证据,采用不确定性合成传递算法赋值,如 U_{dpr_1};对可信度由单条知识所支持的证据,采用特定规则的领域专家赋值方式获取,如 U_{dpr_2}。

(2)确定结构建模不确定性来源集中的各证据可信度。利用不确定性合成算法生成结构模型建模过程中的知识可信度 U_{spr}。在此过程中,需要判断单条与多条知识所支持的证据可信度,如 U_{spr_1}、U_{spr_2}。

(3)利用不确定性叠加传递算法,由 DS-R 与 U_{spr} 进行推理计算,得到矿山结构模型可信度 SM-R。

(4)确定属性建模不确定性来源集中的各证据可信度。利用不确定性合成算法生成属性模型建模过程中的知识可信度 U_{apr}。在此过程中,同样需要判断单条与多条知识所支持的证据可信度,如 U_{apr_1}、U_{apr_2}。

(5)利用不确定性叠加传递算法,将矿山结构模型可信度(SM-R)作为间接证据,通过与属性模型建模过程中的知识可信度 U_{apr} 进行推理计算,得到矿山属性模型可信度(AM-R)。

4.4 地质体三维模型不确定性传递模型算法实现

由上节三维地质建模过程的不确定性传递步骤可知,在利用初始证据和不确定性推理理论计算三维模型各阶段不确定性的过程中,其可信度的计算过程包括三类主要算法和一种规则,即不确定性合成传递算法、不确定性合成算法、不确定性叠加传递算法及特定领域专家的可信度赋值规则。其中:不确定性合成传递算法和特定领域专家的可信度赋值规则应用于各不确定性来源集中的证据可信度计算阶段,即多源不确定度获取阶段;不确定性合成算法、不确定性叠加传递算法应用于不确定性的传递计算阶段。

4.4.1 可信度赋值规则

可信度赋值规则具有较大的主观性和经验性,其准确性较难把握,因此,需要在推理过程中结合该领域专家的专业及经验知识进行合理判断。在矿山三维建模过程中,对于主观性强、难以通过计算或统计方法确定的人工解译误差来说,需要地质专家在积累了长期工作经验的基础上,根据地质资料或地质体的复杂程度对解译结果进行解释、推断,并根据解译结果赋予定量化的不确定性表达。现以结构建模不确定性来源集 $\{U_{spr_n}\}$ 中的表面重构不确定性为例,说明其不确定度的获得过程。

在矿体结构建模过程中,地质专家根据剖面轮廓线构建矿体表面模型时会产生人工解译误差,即矿体表面重构不确定度,定义为 U_{spr_2}。当矿体形态较简单、内部无夹石分支、轮廓线点列摆列较为规律且点数差别小时,采用同步前进法、最短对角线法、切开缝合法等方式建立的矿体表面模型能较好实现矿体表面的模拟,此时的解译结果具有较高的可信度,可定

义重构不确定度 $U_{spr_2}=0.9$。对于形态结构复杂的矿体,由于断层、夹石、分枝等情况的存在,在进行剖面轮廓线重构时,需要地质人员根据稀疏分布的采样数据经适当推断建立结构模型。因此,该类型矿体表面重构将因复杂地质体本身的不确定性和模糊性、人工解译过程中的经验性和个体性的存在而导致结构模型具有较低的可信度,此时可定义 $U_{spr_2}=0.3$。图4-6为简单矿体和包含夹石的矿体剖面轮廓线重构示例。

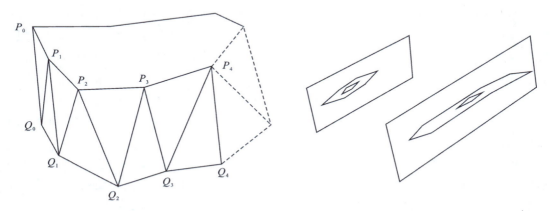

图4-6 简单矿体和包含夹石的矿体剖面轮廓线重构示意图

4.4.2 不确定性合成传递算法

证据可信度由多条知识所支持同一结论而产生时,其结论可信度可采用不确定性合成传递算法进行计算。根据矿山三维模型不确定性来源集中证据可信度的性质,不确定性合成传递算法分为两种类型:计算型和推理型。

1. 计算型不确定性合成传递算法

对于通过测量、计算等数据操作所导致的可计算误差来说,其证据的不确定性可通过解析法、经典误差理论等不确定性度量模型获得,还可将计算得到的以标准差表征的随机不确定性转换为可信度方式。现以数据整理不确定性来源集 $\{U_{dpr_n}\}$ 中的勘探工程测量不确定性为例,说明其不确定度的获得过程。

设 U_{dpr_1} 是勘探工程测量误差的不确定性表达,U_{dpr_1} 由勘探工程测量的所有输入误差所决定($U_{dpr_{11}}$、$U_{dpr_{12}}$ …),若勘探工程测量模型函数已知,即 $y=z(x_1,x_2,\cdots,x_n)$,其中 y 为测量结果,$\{x_n\}$ 为所有影响 y 的输入集合。依据经典误差传播理论,利用泰勒(Taylor)展开式对测量误差进行近似表达,可得测量结果的标准差公式

$$\sigma_y=\left(\sum_{i=1}^{n}c_i^2\sigma_i^2+\sum_{\substack{i,j=1\\i\neq j}}^{n}\rho_{ij}c_i\sigma_ic_j\sigma_j\right)^{1/2} \qquad (4-5)$$

式中:c_i 为 x_i 对函数 $y=z(x_1,x_2,\cdots,x_n)$ 的偏导数;ρ_{ij} 为 x_i、x_j 的相关系数且 $\rho_{ij}=\rho_{ji}$。

当各输入量$\{x_n\}$相互独立时,$\rho_{ij}=0$,上式可简化为

$$\sigma_y = \left(\sum_{i=1}^{n} c_i^2 \sigma_i^2\right)^{1/2} \tag{4-6}$$

通过勘探工程测量标准差计算结果,即可确定数据整理不确定性来源集中的U_{dpr_1}值。

2. 推理型不确定性合成传递算法

对于通过多条规则合成的相同的结论,当其各条规则可信度并不相同,且各证据的可信度无法通过经典误差理论获得时,采用推理型不确定性合成传递算法进行计算,以两条规则的合成传递算法为例进行算法描述。其中,$\mathrm{CF}_1(H)$及$\mathrm{CF}_2(H)$分别为两条规则的可信度,$\mathrm{CF}_{1,2}(H)$为通过合成传递计算得到的合成可信度。

$$\mathrm{CF}_{1,2}(H) = \mathrm{CF}_1(H) + \mathrm{CF}_2(H) - \mathrm{CF}_1(H) \times \mathrm{CF}_2(H) \tag{4-7}$$

现以属性建模不确定性来源集$\{U_{\mathrm{apr}_n}\}$中的变差函数套合不确定性为例,说明其合成不确定度的获得过程。

变差函数的套合是矿山三维属性模型构建的基础,在构建矿山区域化变量结构模型过程中,矿体在各方向所表现出的矿体连续性与样品的影响范围具有不同的变化特点,因此其变差函数不是一种单纯结构,需经多层次结构叠加形成套合结构,其表达式为

$$r(h) = r_0(h) + r_1(h) + \cdots + r_n(h) \tag{4-8}$$

设U_{apr_1}是地质体三维属性建模过程中的变差函数套合不确定度,其可信度由主轴方向、次轴方向和垂直轴方向的变差函数可信度($U_{\mathrm{apr}_{11}}$、$U_{\mathrm{apr}_{12}}$、$U_{\mathrm{apr}_{13}}$)合成传递而成,即

$$U_{\mathrm{apr}_1} = U_{\mathrm{apr}_{11}} + U_{\mathrm{apr}_{12}} + U_{\mathrm{apr}_{13}} \tag{4-9}$$

根据式(4-8),U_{apr_1}的值由各规则可信度两两合成实现,即:

$$U_{\mathrm{apr}_{11,12}} = U_{\mathrm{apr}_{11}} + U_{\mathrm{apr}_{12}} - U_{\mathrm{apr}_{11}} \times U_{\mathrm{apr}_{12}} \tag{4-10}$$

$$U_{\mathrm{apr}_1} = U_{\mathrm{apr}_{11,12,13}} = U_{\mathrm{apr}_{11,12}} + U_{\mathrm{apr}_{13}} - U_{\mathrm{apr}_{11,12}} \times U_{\mathrm{apr}_{13}} \tag{4-11}$$

4.4.3 不确定性合成算法

不确定性合成算法是指将多个证据进行组合,证据间可以为合取关系,也可以为析取关系,其算法描述如下。

(1)不确定性合成计算中的合取计算。计算式为

$$\mathrm{CF}(E) = \min\{\mathrm{CF}(E_1), \mathrm{CF}(E_2), \cdots, \mathrm{CF}(E_n)\} \tag{4-12}$$

即取单一证据可信度的最大值。

(2)不确定性合成计算中的析取计算。计算式为

$$\mathrm{CF}(E) = \max\{\mathrm{CF}(E_1), \mathrm{CF}(E_2), \cdots, \mathrm{CF}(E_n)\} \tag{4-13}$$

即取单一证据可信度的最大值。

如建模数据可信度(DS-R)由数据整理不确定性来源集中各分项不确定度(U_{dpr_n})合并生成,根据不确定性合成算法可知:

当DS-R由各分项不确定度(U_{dpr_n})合取生成时

$$\text{DS-R} = \min\{U_{\text{dpr}_1}, U_{\text{dpr}_2}, \cdots, U_{\text{dpr}_n}\} \qquad (4-14)$$

当 DS-R 由各分项不确定度(U_{dpr_n})析取生成时

$$\text{DS-R} = \max\{U_{\text{dpr}_1}, U_{\text{dpr}_2}, \cdots, U_{\text{dpr}_n}\} \qquad (4-15)$$

4.4.4 不确定性叠加传递算法

不确定性叠加传递是指通过证据可信度与知识可信度的推理计算，得到结论可信度的不确定性叠加传递过程，其算法描述为

$$\text{CF}(H) = \text{CF}(E) \times \text{CF}(H,E) \qquad (4-16)$$

式中：CF(E)为证据可信度；CF(H,E)为知识可信度；CF(H)为叠加传递计算得到的结论可信度。

现以矿山结构模型可信度(SM-R)的计算过程为例，说明不确定性叠加传递算法的计算过程。矿山三维结构模型可信度(SM-R)由上一阶段形成的初始证据(DS-R)与结构建模的知识可信度 U_{spr} 经叠加传递计算得到，其中知识可信度 U_{spr} 由结构建模误差来源集 $\{U_{\text{spr}_n}\}$ 中的各证据可信度经合成算法获得，SM-R 的叠加传递过程如下。

（1）对结构建模误差来源集中各分项的证据可信度进行合取或析取计算，生成结构建模知识可信度 U_{spr}。

$$U_{\text{spr}} = \{\min/\max\}\{U_{\text{spr}_1}, U_{\text{spr}_2}, \cdots, U_{\text{spr}_n}\} \qquad (4-17)$$

（2）由上一阶段生成的初始证据(DS-R)与结构建模知识可信度 U_{spr} 进行乘积计算，得到矿山三维结构模型可信度(SM-R)。

$$\text{SM-R} = \text{DS-R} \times \text{SPR} \qquad (4-18)$$

4.5 地质体三维属性模型不确定性传递算法实现

笔者在第 3 章提出了矿山多模型构建方法，本节以矿山地质体三维属性模型构建过程为例，结合上节提出的三维建模不确定性传递模型，详细讨论三维属性模型插值计算过程中的不确定性传递算法的传递过程与实现。

矿山三维多模型是根据矿体不同地质阶段逐步丰富的钻孔采样数据，以地质统计学理论为数学基础，分别采用克里格估值和序贯高斯模拟两种不同插值算法，为满足矿山企业不同层次需求所建立的具有多粒度特性的矿体模型。基本原理：在矿体详查、勘探等采样数据稀疏且不完整阶段，利用序贯高斯模拟插值的整体统计性和空间相关性等特点，采用多次模拟的平均值建立可反映地质变量波动性的矿体三维模型；在矿体开拓、回采等钻孔密集、地质数据完备阶段，根据克里格估值的无偏估计和方差最优计算原则，建立精度较高且可精确估算储量的矿体三维模型。同时，根据序贯高斯模拟数学期望无限趋近于克里格估值的特性，在利用模拟算法建立矿体三维模型过程中，将克里格估算和序贯高斯模拟的平均值分别作为真值和近似值，以两者置信区间的置信度 α 为约束条件，根据 α 的不同取值定义不同的

语义粒度,采用 t 检验方式得到对应的模拟计算次数,进而得到对应于克里格估值和由多次序贯高斯模拟均值所构建的不同语义粒度矿体三维模型。

由矿体三维多模型的构建过程可知,无论采用克里格估值还是序贯高斯模拟进行插值计算,克里格插值都是核心算法。因此,可将克里格方差进行可信度转换以实现三维模型的不确定性表达,但克里格方差是有限样本的子样方差即估计方差,其计算过程将导致计算型不确定性的产生。现以普通克里格算法为例,对作为表征精度的克里格估计方差进行讨论并对其不确定性表达进行算法解析。普通克里格估算过程如下。

设中心点为 x,体积为 V,待估块段的实测值为 $Z_V(x)$,估计值 $Z_V^*(x)$ 可通过待估块段影响范围内的 n 个有效样本值 $Z_V(x_i)(i=1,2,\cdots,n)$ 的线性组合进行表示,即

$$Z_V^*(x) = \sum_{i=1}^{n} \lambda_i \times Z(x_i) \qquad (4-19)$$

式中:λ_i 为待定系数,是各已知样本根据 $Z(x_i)$ 估计 $Z_V^*(x)$ 时的权重。设 $Z(x)$ 在所研究的块段区域(V)上满足二阶平稳条件,则普通克里格计算的估计方差为

$$S^2 = \overline{C}(V,V) = \sum_{i=1}^{n} \lambda_i \times \overline{C}(\lambda_i, V) + \mu \qquad (4-20)$$

式中:μ 为拉格朗日乘子;$\overline{C}(V,V)$ 为矢量端点扫过估块段(V)时的协方差函数平均值(张景雄,2008)。

在依据样本方差估计母体方差的过程中,样本方差即估计方差 S^2,其定义为

$$S^2 = \frac{1}{n-1}\sum_{i=1}^{n}(X_i - \overline{X})^2 \qquad (4-21)$$

式中:X_i 为来自总体 $N(0,1)$ 的观察样本;$\overline{X}$ 为样本均值;n 为自由度(盛骤等,2008)。

对于统计量 χ^2 来说,$\chi^2 = X_1^2 + X_2^2 + \cdots + X_n^2$ 服从自由度为 n 的 χ^2 分布,记为 $\chi^2 \sim \chi^2(n)$,对于母体方差 σ^2 则得到

$$\frac{(n-1)S^2}{\sigma^2} \sim \chi^2(n-1) \qquad (4-22)$$

由式(4-22)可知,利用估计方差对母体方差估值的精确度与样本容量 n 存在必然联系,设母体方差 σ^2 的误差区间为 $[(1-\alpha)\sigma^2,(1+\alpha)\sigma^2]$,$P$ 为估计方差落在此误差区间的概率,因此 $\chi^2(n)$ 分布的概率密度函数为

$$f(\chi^2) = f(y) = \begin{cases} \dfrac{1}{2^{\frac{n}{2}}\Gamma\left(\dfrac{n}{2}\right)} y^{\frac{n-1}{2}-1} e^{-\frac{y}{2}}, & y > 0 \\ 0 \end{cases} \qquad (4-23)$$

故 $a \leqslant \chi^2 \leqslant b$ 的概率为

$$P\{a \leqslant \chi^2 \leqslant b\} = \frac{1}{2^{\frac{n-1}{2}}\Gamma\left(\dfrac{n-1}{2}\right)} \int_a^b y^{\frac{n-1}{2}-1} e^{-\frac{y}{2}} dy \qquad (4-24)$$

式中:$\Gamma(n)$ 为伽马函数。

当利用估计方差 S^2 对母体误差 σ^2 进行估计时(黄声享,1995),则得到
$$(1-\alpha)\sigma^2 \leqslant S^2 \leqslant (1+\alpha)\sigma^2 \tag{4-25}$$

令
$$\frac{(n-1)S^2}{\sigma^2} = \chi^2$$

将式(4-25)变换可得
$$(1-\alpha)(n-1) \leqslant \chi^2 \leqslant (1+\alpha)(n-1) \tag{4-26}$$

则有
$$\begin{aligned} a &= (1-\alpha)(n-1) \\ b &= (1+\alpha)(n-1) \end{aligned} \tag{4-27}$$

将式(4-27)代入式(4-24)中,可得
$$P\{(1-\alpha)(n-1) \leqslant \chi^2 \leqslant (1+\alpha)(n-1)\} = \frac{1}{2^{\frac{n-1}{2}} \Gamma(\frac{n-1}{2})} \int_{(1-\alpha)(n-1)}^{(1+\alpha)(n-1)} y^{\frac{n-3}{2}} e^{-\frac{y}{2}} dy$$
$$\tag{4-28}$$

根据伽马函数 $\Gamma(n)$ 定义,由式(4-28)可计算出不同样本容量 n 下的估计方差 S^2 落在其母体误差区间 σ^2 的概率 P,P 值即表示估计方差的可靠性。因此,在克里格估值计算过程中,根据克里格方差和理论变差函数确定的邻域范围内的参考点数目,结合预先划定的无偏误差区间,即可获得以概率为表达的插值结果精度评定指标,并以此为依据将评定指标转化为克里格插值算法可信度。

地质体三维建模过程中的不确定性传递过程就是模型构建中各环节不确定性的合并、叠加和传输至下一阶段的过程。为此,在上一节提出的 C-F 模型下矿体三维建模不确定性传递模型推理网络理论基础上(图4-4),笔者针对矿山属性多模型中的不确定性传递过程进行了扩展,利用推理网络中可信度的传递来实现多粒度矿体三维建模的不确定性传递的描述。如图4-7所示,推理网络的初始证据可信度来源于矿山多源建模数据,多源建模数据集合中的所有不确定性经合成算法生成建模数据可信度,建模数据可信度与同样经合成算法生成的结构建模过程可信度进行叠加计算,形成三维结构模型可信度。在利用结构模型建立多粒度属性模型过程中,根据模型用途并分别采用估值建模和模拟建模方式进行插值计算,以此得到估值算法可信度和模拟算法可信度,经与结构模型可信度进行叠加计算,最终完成三维属性模型的可信度表达。由前文可知,模拟建模过程由克里格估值和序贯模拟计算组成,因此其可信度由克里格估值可信度和多粒度约束可信度叠加计算生成,而多粒度约束可信度则由预先定义约束置信度 α 转换而来。

多粒度矿体三维建模不确定性计算流程如下。

步骤1:测量、解译和整理勘探、地质剖面、钻孔样品等的多源矿山建模数据,根据数据类型和专家经验,对所有数据产生的误差分别进行不确定性赋值并形成矿山多源数据不确定性集,对集合内不确定性进行合成计算,生成建模数据可信度(D-CF)。

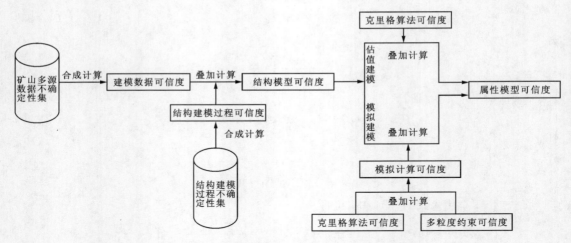

图4-7 地质体三维属性模型不确定性传递过程

步骤2:对矿体圈定、剖面轮廓线提取和重构、剖面多边形对应、矿体剖分等构模过程的误差进行不确定性赋值,形成结构建模过程不确定性集,对集合内不确定性进行合成计算,生成建模过程数据可信度(SMP-CF)。

步骤3:通过对建模数据可信度(D-CF)和建模过程数据可信度(SMP-CF)的叠加计算,生成结构模型可信度(SM-CF)。

步骤4:根据矿体数据基础和矿山企业需求的不同,对建立的具有多粒度特征的三维属性模型按模拟建模和估值建模两种类型分别计算其过程不确定性,即克里格估值可信度和模拟计算可信度。

(1)克里格估值可信度计算过程:①实验变差函数计算和理论模型函数拟合,根据搜索域确定插值样本和数目;②对样本进行克里格插值计算,建立矿体三维属性模型并得到克里格估计方差;③根据模型精度可接受范围,确定模型无偏误差区间,根据式(4-28)和插值样本数计算估计方差可靠性概率 P,将 P 值转换为克里格估值可信度(KC-CF)。

(2)模拟计算可信度的计算过程:①对样本进行克里格估值,得到模拟计算目标值,同时依据上述克里格估值可信度计算过程,得到克里格估值可信度(KC-CF);②将预先划定的置信度 α 转换为多粒度约束可信度(MGC-CF),同时以模拟计算目标值为真值,以置信度 α 为约束,利用多次进行序贯高斯模拟计算的平均值构建不同粒度的矿体三维属性模型;③对克里格估值可信度(KC-CF)和多粒度约束可信度(MGC-CF)进行叠加计算,生成模拟计算可信度(SC-CF)。

步骤5:将步骤3得到的结构模型可信度(SM-CF),分别与模拟建模和估值建模过程产生的克里格估值可信度(KC-CF)及多粒度约束可信度(MGC-CF)进行叠加计算,得到多粒度三维属性模型可信度(AM-CF)。

4.6　讨论与小结

笔者在对矿山三维建模流程及特点进行分析的基础上,将构建矿山三维模型的不确定性来源和建模过程中的不确定性分布进行了归纳,根据人工智能领域中的不确定性推理理论,基于可信度方法建立了矿山建模不确定性传递模型,给出了矿山建模不确定性推理网络结构及不确定性传递步骤,针对矿山三维建模的特性,对可信度方法的C-F模型规则进行了完善并对相关算法进行了描述。

参考文献

何彬彬,方涛,郭达志,2004.空间数据挖掘不确定性及其传播[J].数据采集与处理,19(4):475－480.

黄声享,1995.方差估计的精确度与可靠性[J].武测科技(3):21－24.

李德仁,彭美云,张菊清,1995.GIS中线要素的定位不确定性模型研究[J].武汉测绘科技大学学报,20(4):283－288.

李德仁,2006.对空间数据不确定性研究的思考[J].测绘科学技术学报,23(6):391－392＋395.

罗兵,李华嵩,李敬民,2011.人工智能原理及应用[M].北京:机械工业出版社.

马鸣远,2006.人工智能与专家系统导论[M].北京:清华大学出版社.

潘懋,方裕,屈红刚,2007.三维地质建模若干基本问题探讨[J].地理与地理信息科学,23(3):1－5.

盛骤,谢式千,潘承毅,2008.概率论与数理统计[M].4版.北京:高等教育出版社.

史文中,2000.空间数据误差处理的理论与方法[M].北京:科学出版社.

史文中,2005.空间数据与空间分析不确定性原理[M].北京:科学出版社.

史玉峰,史文中,靳奉祥,2006.GIS中空间数据不确定性的混合熵模型研究[J].武汉大学学报(信息科学版),31(1):82－85.

王文杰,叶世伟,2004.人工智能原理与应用[M].北京:人民邮电出版社.

王中宇,夏新涛,朱坚民,2000.测量不确定度的非统计理论[M].北京:国防工业出版社.

邬伦,于海龙,高振纪,等,2002.GIS不确定性框架体系与数据不确定性研究方法[J].地理学与国土研究,18(4):1－5.

武强,徐华,2013.数字矿山中三维地质建模方法与应用[J].地球科学,43(12):1996－2006.

余接情,吴立新,訾国杰,等,2012.基于SDOG的岩石圈多尺度三维建模与可视化方法[J]. 中国科学:地球科学,42(5):755-763.

张景雄,2008. 空间信息的尺度、融合与不确定性[M]. 武汉:武汉大学出版社.

赵鹏大,池顺都,陈永清,1996. 查明地质异常:成矿预测的基础[J]. 高校地质学报,2(4):361-373.

赵鹏大,胡旺亮,李紫金,1983. 矿床统计预测[M]. 北京:地质出版社.

钟登华,李明超,杨建敏,2005. 复杂工程岩体结构三维可视化构造及其应用[J]. 岩石力学与工程学报,24(4):575-580.

朱福喜,杜友福,夏定纯,等,2006. 人工智能引论[M]. 武汉:武汉大学出版社.

ASTROM K J,1989. Toward intelligent control[J]. IEEE Control Systems Magazine,9(3),38-46.

BARDOSSY G,FODOR J,2002. Evaluation of uncertainties and risks in geology[M]. Berlin:Sringer.

CAUMON G,COLLON D P,CARLIER L,et al.,2009. Surface-based 3D modeling of geological structures[J]. Mathematical Geosciences,41(8):927-945.

GOODCHILD F M,CHIH C L,LEUNG Y,1994. Visualizing fuzzy maps[C]//Heamshaw H M,Unwin D J. Visualization in geographical information systems. Hoboken:John Wiley & Sons,Inc:158-167.

MOWRER H T,RUSSELL G C,2000. Quantifying spatial uncertainty in natural resources:Theory and applications for GIS and remote sensing[M]. Boca Raton:CRC Press.

MCCARTHY J,1987. Generality in artificial intelligence[J]. Communications of the ACM,30(12):1030-1035.

JESSELL W M,AILLERES L,KEMP A E,2010. Towards an integrated inversion of geoscientific data:what price of geology[J]. Tectonophysics,490(3-4):294-306.

LINDSAY M D,AILLÈRES L,JESSELL M W,et al.,2012. Locating and quantifying geological uncertainty in three-dimensional models:analysis of the Gippsland Basin,southeastern Australia[J]. Tectonophysics(546-547):10-27.

RUSSELL S J,NORVIG P,2006. Artificial intelligence:a modern approach[M]. London:Pearson.

TURNER A,2006. Challenges and trends for geological modelling and visualisation[J]. Bulletin of Engineering Geology and the Environment,65(2):109-127.

5 地质体三维属性模型不确定性定量分析

地质体三维建模是指利用现代空间信息理论建立一个具有地质意义的数学模型，以表达地质体的形态及其内部物理、化学属性空间展布规律。作为空间分析、数值模拟、矿山资源开发等地质应用的基础，地质体三维属性模型用于反映地质体内部非均质性属性的直观表达与深度应用。地质体三维属性模型除具备现实地质含义外，还应具有准确性、可靠性的特点。因此，建立一套完善的地质体三维属性模型精度评估、不确定性可视化和修正机制显得极其重要。目前，众多学者从三维模型的构建与可视化表达等研究领域转而关注三维模型质量评价的研究方向，并在该方向的研究过程中提出了许多相关理论和研究方法（Bond et al.，2007；Jessell et al.，2010；Jones et al.，2004）。由上一章节对地质体三维模型不确定性的研究可知，三维建模不确定性需考虑建模数据的不确定性、建模系统的不确定性以及模型自身的不确定性等多个因素。本节结合三维模型不确定性传递模型与算法等相关内容，以 Shannon(1948)提出的信息熵理论为基础，将信息熵分析方法应用于地质体属性三维模型的不确定性定量分析过程中，并依据不确定性定量分析结果，实现属性模型的误差检测与修正，增加地质体三维模型实际应用的可靠性。

5.1 不确定性与信息熵分析

5.1.1 信息论与信息熵

熵的概念最早由德国物理学家 Clausius(1865)提出，用以描述自发过程中不可逆性的状态函数，其理论基础为热力学第二定律，但这一概念仅适用于宏观过程的不可逆性，无法体现体系内部的结构变化特征。为此，奥地利物理学家 Boltzmann 提出了熵函数概念 $S=k\log W$，其中 k 为 Boltzmann 函数，W 为与宏观状态对应的微观状态数，即处于该状态下的概率分布函数，因此熵函数具备了统计学意义。

现代熵一般指信息熵或根据信息熵演化成的其他熵。信息熵的概念来源于 Shannon 于1948年提出的信息论，该理论是应用统计方法的延伸，目的是对通信过程中数据传输和存储的开销进行定量描述。信息论认为信息永远伴随着事物的随机性而存在，信息的多少即代表未知事物的多少，如果一个事物是完全已知的，那么这个事物就不包含任何信息，因此事物的不确定性是信息的客观产物（贾世楼，2007）。

Shannon 信息论中，信息熵（Entropy）是信息的基本单位，是用来描述随机变量分散程度的统计量。目前，信息熵被越来越多地应用于度量随机变量取值的不确定性研究中。它将信息量定义为消除的不确定性的数量，当所有不确定性都被消除时，信息量最大。对于离散型的样本空间（信源），设其随机变量及其概率分布为

$$\begin{bmatrix} x \\ p \end{bmatrix} = \begin{bmatrix} x_1, x_2, \cdots, x_i, \cdots, x_n \\ p_1, p_2, \cdots, p_i, \cdots, p_n \end{bmatrix} (0 \leqslant p_i \leqslant 1, \sum_{i=1}^{n} p_i = 1) \tag{5-1}$$

式中：p_i 为事件 x_i 出现的概率。事件 x_i 包含的信息量（自信息）用 $I(x_i)$ 表示，定义任意随机事件的自信息量为该事件发生概率的对数的负值，即

$$I(x_i) = -\log_b p_i \tag{5-2}$$

自信息 $I(x_i)$ 包含两层含义：在事件 x_i 发生前，代表其不确定性；在事件 x_i 发生后，代表其提供的信息量。因此，自信息是一个随所发生消息产生变化的随机量，不能作为整个信源的信息测度。Shannon 将自信息的数学期望定义为信源的信息熵 $H(X)$，即信息量的概率加权统计平均值，其计算式为

$$H(X) = E[I(x_i)] = -\sum_{i}^{n} p_i \log_b p_i \tag{5-3}$$

根据底数 b 取值的不同，信息熵有着的不同量纲，$b = e$ 时，信息熵量纲为 nat；$b = 2$ 时，量纲为 bit。本书统一采用 bit 作为信息熵的量纲标准，且为简便表达，令 $\log_2 x = \log x$。现以一个服从二项分布的样本空间为例说明信息熵的直观意义，设该样本空间包含两种结果 A 和 B，事件对应发生的概率分别为 p 和 $1-p$，信息熵表示描述该样本空间的信息量，即

$$H(X) = -p \log p - (1-p) \log (1-p) \tag{5-4}$$

当 A 事件和 B 事件出现的概率相等时，不确定性最大，信息熵也最大，因此结果的分散程度与熵值成正比。如果该样本空间只有一种结果，此时结果已知，则信息熵为零。该范例信息熵 $H(X)$ 与概率 p 的关系如图 5-1 所示。

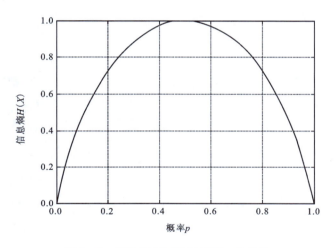

图 5-1　信息熵 $H(X)$ 与概率 p 的关系

5.1.2　信息熵相关性质

由熵的定义可知，熵 $H(X)$ 为概率向量 $\boldsymbol{P} = (p_1, p_2, \cdots, p_{n-1}, p_n)$ 的函数 $H(P)$，$H(P)$ 称为熵函数，由此可归纳出信息熵的基本性质（林洪桦，2009）。

1. 对称性

概率向量 $\boldsymbol{P}=(p_1,\cdots,p_i,\cdots,p_j,\cdots,p_n)$ 中,当事件位置顺序任意交换后,概率空间的熵值不变,即熵值与事件顺序无关,公式表达为

$$H(p_1,\cdots,p_i,\cdots,p_j,\cdots,p_n) = H(p_1,\cdots,p_j,\cdots,p_i,\cdots,p_n) \tag{5-5}$$

2. 非负性

熵的取值范围为大于或等于 0,即 $H(P) \geqslant 0$,且仅当 $p_i=1$(其中 P 取值为零)时,熵值为零。

3. 确定性

概率向量中的任一概率分量为 1 时,其他事件产生的概率为零,即信源中只要有一个事件是必然事件,则其余事件为不可能事件,此时信源中每个事件对熵的贡献都为零,因而总熵为零。

4. 扩展性

当概率空间增加概率趋于零的取值或事件时,其熵值不变。公式表达为

$$H_n(p_1,p_2,\cdots,p_n) = \lim_{\varepsilon \to 0} H_{n+1}(p_1,p_2,\cdots,p_n,p_{n+1}=\varepsilon) \tag{5-6}$$

5. 可加性

设两个独立信源空间 X、Y,令 $H(XY)$ 为两个随机变量的联合熵,则 $H(XY)$ 等于 X 的信息熵加上已知 X 时 Y 的条件概率的熵的平均值,即条件熵,公式表达为

$$H(XY) = H(X) + H(Y \mid X)$$

$$H(Y \mid X) = \sum_{i=1}^{q} p(x_i) \sum_{j=1}^{q} p(y_j \mid x_i) \log \frac{1}{p(y_j \mid x_i)} \tag{5-7}$$

当 X 与 Y 相互独立时,存在

$$H(XY) = H(X) + H(Y) \tag{5-8}$$

6. 递增性

若信源空间中某一事件分解,则信源总熵值增大,公式表达为

$$H_n(p_1,\cdots,p_i,\cdots,p_j,\cdots,p_n) = H_{n-1}(p_1,\cdots,(p_i+p_j),\cdots,p_{n-1}) + (p_i+p_j)H_2\left(\frac{p_i}{p_i+p_j}+\frac{p_j}{p_i+p_j}\right) \tag{5-9}$$

7. 极值性

熵值在一定条件下存在极值,包括最大值和最小值两种状况。

(1)最大值:当 $p_i = \frac{1}{n}, i=1,2,\cdots,n$ 时,信源为等概率场,即所有概率向量相等时,此时熵达到最大值,公式表达为

$$H_n(p_1,p_2,\cdots,p_n) \leqslant H_n\left(\frac{1}{n},\frac{1}{n},\cdots,\frac{1}{n}\right) = \log n \qquad (5-10)$$

(2)最小值:设 $p=(p_1,p_2,\cdots,p_n), q=(q_1,q_2,\cdots,q_n)$,且 $\sum_{i=1}^{n} p_i = 1, \sum_{i=1}^{n} q_i = 1$,则以下不等式成立

$$H(p) = \sum_{i=1}^{n} p_i \log_a p_i = -E_p[\log p] \leqslant \sum_{i=1}^{n} p_i \log_a q_i = -E_p[\log q] \qquad (5-11)$$

式中:$E_p[\cdot]$ 为按 p 取期望值,当且仅当 $p_i = q_i, i=1,2,\cdots,n$ 时,上式取等号。

5.2 基于信息熵的地质体模型不确定性分析

作为信息论基本概念的信息熵,是度量信息源不确定性的唯一量,是对任一现象、系统或过程内在状态的不确定性与紊乱程度的定量表征。近年来,熵分析方法与熵优化准则被广泛应用于数据测量与误差分析、信息与信号处理、图像分析与辨识等领域的不确定性评估研究中。

三维空间模型的不确定性分析及可视化研究一直是该领域的难点问题,相关学者提出的理论和方法仅适用于特定的地质环境,对于褶皱、断层等复杂地质构造的不确定性分析研究尚在探索过程中。Goodchild 等(1994)、Leung 等(1993)将信息熵方法首先应用于二维环境下地图模糊集的分析与可视化过程中。Wellmann 等(2010,2012)在此基础上提出对空间模型首先进行栅格化处理,然后再利用信息熵对地质体三维模型进行不确定性分析的过程。本节主要介绍该方法的原理和实现过程。

5.2.1 空间模型不确定性分析准则与信息熵

Wellmann 在其不确定性分析理论中,首先将模型空间按相同大小(体素)划分为栅格模型,然后利用概率理论计算模型每个空间位置的预测标量值,进而对每个体素的不确定性进行评价并最终实现对整个空间模型的不确定性评价。为了描述每个体素包含的不确定性,需要选择统一的不确定性度量指标,该指标在描述不确定性的过程中需符合以下分析准则:①当不确定性不存在时,指标为零;②当所有结果等概率时,不确定性达到最大值;③当等概率结果持续增加时,不确定性也随之增加(单调性存在);④指标需要具有可扩展性(例如:增加一个零概率结果,指标保持不变);⑤指标应当独立于结果出现的顺序(对称性存在)。

根据以上规则及信息熵的基本性质,Wellmann 选择信息熵作为度量指标,实现其空间模型的不确定性过程,该方法也称为栅格化信息熵评价方法。

对空间模型进行栅格化并对每个栅格进行不确定计算,以此实现空间模型的不确定性

评价过程,该方法也称为栅格信息熵评价方法,其评价公式为

$$H(x,t) = -\sum_{m=1}^{M} p_m(x,t)\log(x,t) \quad (5-12)$$

式中:x 为栅格位置;M 为每个栅格属性的可取范围;t 为空间模型演变参数(如物理时间)。

根据上述公式,可直观地利用栅格信息熵对空间模型进行不确定性的定量分析与可视化。图 5-2 为栅格信息熵分析范例,不确定性分析对象为一幅三色标二维地图(红、绿、蓝),分析目的是对地图区域颜色属性的不确定性进行栅格信息熵计算及可视化,具体过程:将地图离散为规则格网[图 5-2(a)],每个格网的色标属性共有三种可能的结果,对每个格网可能的结果计算相应的概率[图 5-2(b)],利用式(5-12)对每个栅格计算其信息熵值,实现整个区域的熵值可视化[图 5-2(c)]。

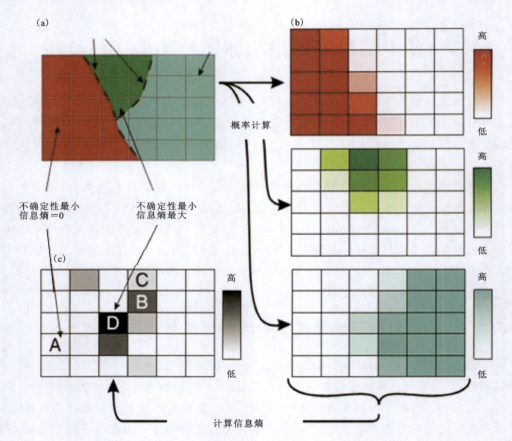

图 5-2 不确定性栅格信息熵分析图例
(a)含不确定性二维地图网格色标的不确定性;(b)各网格色标概率图示;(c)各网格信息熵图示。

由图 5-2(c)可知,使用栅格信息熵的分析结果符合不确定性分析准则。
(1)栅格 A 中,色标为红色并具备唯一性,因此不确定性不存在时,熵值为零。
(2)栅格 B 和 C 中,色标为红色与绿色混合且等概率存在,此时不确定性和熵值达到最大。

(3) 栅格 D 中，色标为红、绿、蓝三色混合且等概率存在，此时不确定性和熵值满足单调性增加准则，不确定性和熵值相对栅格 B 与 C 的熵值继续增加。

5.2.2 信息熵不确定性分析应用

Wellmann 和 Regenauer-lieb(2012)、Mann(1993)在利用信息熵对地质体结构模型进行不确定性分析时，将不确定性来源分为三种：①建模数据的不精确性（如地层边界位置和地质结构的方向等）；②固有的随机性（利用已知点数据的内插和外推计算）；③认知不完整性（对地质结构认识不准确，概念有歧义及概括笼统等）。

不考虑②、③两种不确定性来源，仅针对建模数据不精确导致的地质结构模型位置、方向的不确定性，利用栅格信息熵进行定量分析与可视化的方法分为两个步骤：①对模型不确定性进行模拟，得到地质结构多解性模型；②模型栅格化，计算每个节点的信息熵并实现不确定性的可视化。

1. 地质体三维模型不确定性模拟方法

地质体三维模型不确定性模拟过程如下（图 5-3）。

(1) 使用所有数据构建初始模型。

(2) 鉴定输入数据质量，赋以相应的概率分布。

(3) 根据初始模型和按概率分布的原始数据模拟生成不同的输入数据集：①以初始数据集和初始模型为模拟起始点，模拟过程中所有参数项保持不变；②每次模拟产生一个新的数据集，数据集中每一点代表从它可能的分布中得到的随机采样；③重复第(2)步 N 次，得到 N 个模拟数据集。

(4) 利用模拟数据集生成 N 个多解性地质模型。

(5) 生成的多解性地质模型按相应格式输出，用于不确定性分析与可视化。

2. 地质体三维模型不确定性信息熵计算

(1) 将模型栅格化为等大小体素。

(2) 对每个地质单元设定指示函数[式(5-13)]，以地层 F 为例，设体素 x 属于地层 F 时，令指标 $I_F=1$，不属于地层 F 时，$I_F=0$。

$$I_F(x) = \begin{cases} 1 & x \in F \\ 0 & x \notin F \end{cases} \quad (5-13)$$

(3) 对模拟生成的 N 个多解性模型进行指示变换，利用生成指示数据统计指标出现概率，计算每个栅格相对 F 的条件累积概率分布（概率场），公式为

$$P_F(G) = \sum_{k \in N} \frac{I_{Fk}}{N} \quad (5-14)$$

(4) 重复步骤(2)、(3)，对地质结构 M 个地质单元分别生成概率场，利用式(5-12)计算地质结构模型每个体素熵值，此时空间模型演变参数为零，公式为

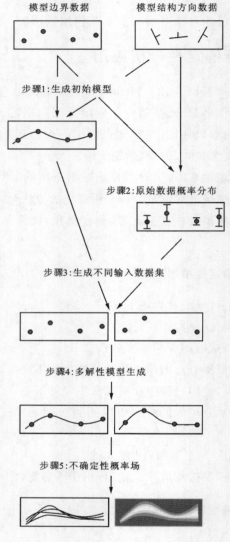

图 5-3 不确定性模拟过程

$$H(x) = -\sum_{m=1}^{M} p_m(x)\log(x) \qquad (5-15)$$

图 5-4 展示了利用信息熵对简单三维地层模型进行不确定性分析的过程,(a)为地质结构模型示意图,(b)为地质结构模型的信息熵分布示意图。由图例可知,在建模数据已知区域,不确定性不存在,此时信息熵为零。在地层构造面接触区域(地层1、地层2),建模数据稀疏导致该区域地质构造不清晰,此时存在不确定性,熵值大于零。地层构造面与断层接触区域(地层1、地层2、断层1)属于不同地质单元的可能性都存在,此时不确定性最大,熵值达到最大值。

5 地质体三维属性模型不确定性定量分析

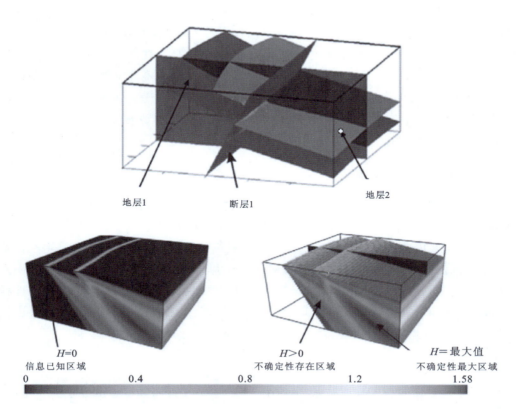

图 5-4 不确定性模拟过程
(a)地质结构模型示意图;(b)地质结构模型的信息熵分布示意图。

5.3 地质体三维属性模型不确定性分析

5.3.1 地质体三维属性模型不确定性与信息熵

地质体三维属性模型的构建过程是一个采集整理原始地质数据、选用适当的三维数据模型、利用交互式三维建模技术、结合插值与模拟技术对矿体进行数学模拟的过程,建模过程每个阶段都会产生不确定性,且不确定性存在叠加和传递的特性。基于 Wellmann 不确定性分析理论,可将信息熵分析方法应用于地质体三维属性模型不确定性研究过程,实现模型的不确定性定量分析与模型修正。采用信息熵作为不确定性数学分析的工具基于以下几方面的考虑。

1. 信息熵与插值算法的关系

地质体三维属性模型从采样点到矿体的空间建模预测过程主要依据插值计算来实现。

克里格算法是目前矿山建模中的常用插值算法,但无论是线性或非线性克里格算法,其误差都是通过模型的确定位置计算所得,且都有不同程度的平滑效应存在,无法对模型空间整体进行不确定性定量分析。同属于地统计学领域的模拟插值算法在克里格算法的基础上加入了随机噪声,模拟产生多个等概率模型,多个模型之间的差别即不确定性概率场正是矿山模型整体空间不确定性的表达。信息熵的主要数字特征就是对离散空间概率分布的反映,因此,对于采用克里格估值构建的矿山三维模型,可通过模拟计算形成不确定性概率场,进而通过熵值计算,实现矿山三维模型空间不确定性的定量分析过程。

2. 信息熵与不确定度的关系

本书第 4 章对三维建模不确定性传递模型的描述中,将不确定性传递过程划分为三个阶段,采用可信度概念对不确定性传递过程进行了统一量度表达。对于各阶段的不确定性来源集,通过合并传递和叠加传递算法,实现对三维结构模型和属性模型的不确定性数学描述。对于不确定性来源集中的可计算误差或人工解译误差,都可将不确定度作为其误差的评价指标。由信息熵的定义可知[式(5-1)],随机变量取值的概率分布不同,其确定性程度不同,熵值也不同。因此,不确定性同时反映在概率的分布形式及分布范围上,两者也综合反映在概率分布的熵值上。由各典型一维概率分布的熵计算表达式可知,信息熵与不确定度的关系表达式为

$$H(x) = \ln(2k_d\sigma) \tag{5-16}$$

式中:k_d 为与概率相关的常数;σ 为随机变量的标准差,与不确定度具有相同含义。

因此,采用熵值测度矿山三维模型不确定性,能够利用其结果与不确定度的数学关联,进一步研究不确定性来源集中各元素误差敏感度及对定量分析结果的影响,通过与不确定性传递模型的结合,达到对矿山三维建模全过程不确定性开展研究的目的。

3. 信息熵与模型修正的关系

三维建模过程中各种误差的存在导致了地质实体不确定性的产生,仅采用地质理论和插值计算构建的三维模型与真实地质体必定存在较大差异,因此,对三维模型的不确定性分析除实现对模型的质量评估外,还应为模型的误差检测、模型修正提供数据基础和理论依据,通过不确定性分析结果实现三维模型的精度控制过程。

信息熵对三维空间地质模型进行不确定性分析的原理是将地质体模型分成若干相等单元,利用熵值表示空间各体素的不确定性差异。信息熵的大小代表了不确定性的大小,对矿体模型的误差检测过程可通过对模型空间各区域熵值的统计来实现,即熵值统计值越大的区域,不确定性也越大,矿体模型与真实矿体的误差也越大。对于模型的修正而言,可利用误差检测结果,在模型不确定性较大区域进行数据补充与误差修正,实现模型的迭代式重新构建过程,达到提高模型整体精度的目的。

5.3.2 地质体三维属性模型不确定性定量分析

矿产资源的储量估算是矿山勘探、规划与开采的核心内容,是评估矿床经济价值、确定矿山生产规模和指导矿山生产的基本依据。三维属性模型是在矿山钻孔数据和地质资料的基础上,通过实体建模、边界约束、块体划分及品位插值等过程建立的以矿体品位为属性值的三维块体模型,通过对属性模型中所有块体的加权统计,获得矿床的储量估算值。对地质体属性模型进行不确定性研究和评价,能够深入了解矿床内品位分布状况,对探明隐伏矿体、挖掘矿源潜能、精确储量估算、延长矿山寿命等具有重要意义。

1. 基于栅格信息熵的地质体模型不确定性定量分析方法

以信息熵的相关性质及 Wellmann 利用栅格信息熵进行地质结构模型不确定性分析为基础,本节提出一种基于栅格信息熵的地质体模型不确定性定量分析方法。首先,利用矿山所有钻孔资料和地质数据建立不确定性模拟数据集合,通过 N 次模拟计算,生成 N 个地质体,分析初始数据集;其次,将属性模型的块体划分作为约束,通过栅格化处理,建立 N 个与属性模型块体划分相同的栅格化模型;然后,根据所评价矿山地质体模型中该矿种的品位指标,设定指标阈值,对所有地质体栅格化模型进行指标变换,得到地质体品位概率分布模型;最后,利用每个体素的品位概率场,计算该栅格的信息熵,统计所有体素,累积得到的总信息熵即为属性模型不确定性的定量表征。

上述不确定性定量分析方法中,随机模拟方法建立了不确定性模拟数据集合,通过随机模拟中的 Monto-carlo 算法取样,对所分析空间建模数据可能的取值结果及其概率分布进行度量。在矿体栅格的指标变换中,品位指标阈值设定为矿山地质体边界品位或工业品位,当栅格区域内平均品位高于品位指标阈值时,指标函数取值为1,否则为零。因此,矿体各栅格取值为两类互斥结果,概率和为1。根据 5.2 节相关内容,品位模型不确定分析的部分计算公式描述如下。

矿体指标变换公式为

$$I(x,z) = \begin{cases} 1, Z(x) \geqslant Z \\ 0, Z(x) < Z \end{cases} \quad (5-17)$$

式中:x 为矿体栅格位置;Z 为所评价矿体的边界品位或工业品位。

矿体品位概率计算公式为

$$P(x) = \frac{1}{N}\sum_{i=1}^{N}I(x,z) \quad (5-18)$$

式中:N 为对原始建模数据进行模拟的次数。

总信息熵 H_T 计算公式为

$$H_T = -\sum_{x=1}^{M}[P(x)\log P(x) + (1-P(x))\log(1-P(x))] \quad (5-19)$$

式中:M 为矿体总栅格数。

以上述不确定性计算公式为基础,矿体品位模型不确定性定量分析方法概述为以下五个步骤。

步骤1:数据整理。对钻孔数据、地质剖面数据等建模初始资料进行适用度检验,通过对数据的正态得分转换等计算,拟合出理论变差函数参数,建立初始不确定性模拟数据集。

步骤2:模型栅格化及不确定性模拟。根据步骤1生成的理论变差函数参数和模拟数据集,利用随机模拟算法进行N次模拟计算,生成N个不确定性数据集合,其中模拟计算的栅格块体大小根据矿体已有的品位模型块体大小设定。

步骤3:模型约束处理与指标化计算。根据已有矿体结构模型对矿体区域进行约束处理,利用矿体指标变换公式(5-17),对模拟产生的N个等概率品位模型的每个栅格根据品位指标阈值进行指标变换。

步骤4:品位概率计算。根据矿体品位概率计算公式(5-18),计算每个栅格的品位概率分布。

步骤5:信息熵计算。利用步骤4的品位概率分布结果,根据总信息熵计算公式(5-19),对矿体每个栅格的信息熵进行统计计算,得到品位模型不确定性总信息熵,实现矿体品位模型的不确定性定量分析过程。

2. 属性模型的误差检测与修正

目前,对属性三维模型误差检测与修正的相关研究较为少见。针对地质体三维结构模型,朱良峰等(2009)提出了地质剖面修正法和虚拟孔修正法,通过人工建立的地质剖面和虚拟钻孔,对模型成果进行约束以达到修正模型的目的。花卫华(2010)将建模数据分为强约束的"硬数据"和具参考意义的"软数据"两类,基于建模初始数据和建模中间结果数据,提出了通过人工干预对模型进行误差修正的方法。以上研究成果的实质都是结合地质专业人员的地质专业知识和经验,通过推断和预测的方式增加建模样本数据的密度,实现模型误差的修正过程。

相对于以上采用人工经验添加建模数据的方式,对矿体地段引入加密工程更能够提高建模数据质量和模型修正的准确性。在加密工程的实施中,加密钻孔的位置选取不仅是一个技术问题,同时也是一个经济问题。合理选择加密钻孔位置,对勘查工作的进度、质量和勘查成本及最终储量估算都有着重大影响。目前对矿体进行勘查加密的方法如下:根据矿床复杂程度,将矿床的勘查类型分为简单(Ⅰ)、中等(Ⅱ)、复杂(Ⅲ)三种类型,根据矿床勘查类型对应不同的矿种、地质工程程度及矿产储量级别,采用类比的方式,依据不同的勘查工程间距确定加密钻孔位置。

对属性三维模型进行误差检测与修正的实质是降低模型误差离散度及矿山模拟过程中的多解性,提高建模数据质量和模型精度。基于熵值越大不确定性越大的原理,笔者提出的三维属性模型误差检测与修正思路是根据三维模型不确定性定量分析的信息熵分布结果,对不确定性较大区域加密取样,降低该区域信息熵值,从而实现模型精确度的提高。具体实现过程是依据矿床地质规律及勘查工程规范,确定矿体的勘查类型及勘查工程加密距离,以原勘探钻孔为中心,依据加密间距、矿体厚度、矿床走向及自然条件划定若干检测区域,统计各检测区域信息熵的平均值,选择平均熵值较大且符合勘查条件的区域为加密区,对加密区钻孔取样,利用取样数据对地质体模型进行迭代式重新构建,完成模型的检测和修正。该方法能够以较少的加密钻孔数量,取得较好的模型校正效果,提高勘探质量并降低经济风险。实施步骤如下。

步骤1:勘查工程间距判断。根据建模矿床的矿种、勘查类型和矿产储量级别,依据勘查工程标准,确定勘查工程间距。

步骤2:建立检测区域。对矿体原勘探线依据勘查工程间距逐段延伸,参考矿体深度,建立若干检测区域。

步骤3:确定加密钻孔位置。根据品位模型不确定性定量分析结果,对检测区域内所有栅格的信息熵进行统计,取总信息熵(或平均信息熵)最大的检测区域为加密区域,确定加密钻孔位置。

步骤4:模型迭代构建。对加密区域补充钻孔,将获取的采样数据补充到初始建模数据集中,对模型进行迭代式构建,完成模型的误差检测与修正过程。

基于信息熵的地质体三维属性模型不确定性分析与修正流程如图5-5所示。

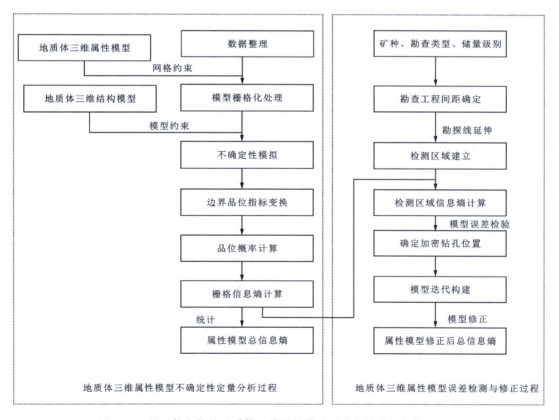

图5-5 基于信息熵的地质体三维属性模型不确定性分析与修正流程

5.4 讨论与小结

本章首先介绍了信息熵的概念和性质,通过信息熵与不确定性之间的联系,得出可利用信息熵作为模型不确定性测度工具的结论。通过对 Wellmann 关于不确定性分析应用的介绍与分析,总结出一套基于栅格信息熵的不确定性分析方法,即依据数据的分布特征对地质体数据集进行模拟,生成多个模拟数据集,利用每个模拟数据集各自生成对应模型,对所有模型进行指标化变换并统计各种结果出现的概率,得到空间模型的概率场。按照信息熵公式,对模型中各种结果及其概率进行计算,将信息熵作为模型各处不确定性的指标。

笔者将栅格信息熵不确定性分析理论应用于地质体三维属性模型不确定性定量分析中,以地质体结构模型为基础,将地质体进行栅格化处理,按照工业矿床开采标准将随机模拟的结果进行指标化变换,通过品位模型概率场计算得到矿体信息熵模型,实现对地质体三维属性模型的不确定性定量表达。根据地质体信息熵计算结果,结合勘查工程加密准则,通过统计矿体内各区域的信息熵值,寻找不确定性较大区域并进行加密取样,在考虑勘查质量和勘查成本的基础上,实现地质体三维属性模型的误差检测与修正过程。

参考文献

花卫华,2010.多约束下复杂地质模型快速构建与定量分析[D].武汉:中国地质大学(武汉).

贾世楼,2007.信息论理论基础[M].3 版.哈尔滨:哈尔滨工业大学出版社.

林洪桦,2010.测量误差与不确定度评估[M].北京:机械工业出版社.

朱良峰,吴信才,潘信,2009.三维地质结构模型精度评估理论与误差修正方法研究[J].地学前缘,16(4):363-371.

BOND E C, SHIPTON K Z, JONES R R, et al., 2007, Knowledge transfer in a digital world: field data acquisition, uncertainty, visualization, and data management[J]. Geosphere, 3(6):568.

CLAUSIUS R, 1865. Ueber verschiedene für die Anwendung bequeme Formen der Hauptgleichungen der mechanischen Wärmetheorie: vorgetragen in der naturforsch[M]. München: Verlag nicht ermittelbar.

JESSELL W M, AILLERES L, KEMP A E, 2010. Towards an integrated inversion of geoscientific data: what price of geology? [J]. Tectonophysics, 490(3-4):94-306.

JONES R R, MCCAFFREY J K, WILSON W R, et al., 2004, Digital field data acquisition: towards increased quantification of uncertainty during geological mapping[J]. Geological Society London Special Publications,239(1),43-56.

LEUNG Y,GOODCHILD F M,LIN C C,1993. Visualization of fuzzy scenes and probability fields[J]. Statistics and Computing(24):416-422.

MANN J C,1993. Uncertainty in geology(computer in geology-25 years of progress)[M]. Oxford:Oxford University Press.

SHANNON C E,1948. A mathematical theory of communication[J]. The Bell System technical Journal,27(3):379-423.

WELLMANN J F,HOROWITZ F G,SCHILL E,et al.,2010. Towards incorporating uncertainty of structural data in 3D geological inversion[J]. Tectonophysics,490(3-4):141-151.

WELLMANN J F, REGENAUER-LIEB K,2012. Uncertainties have a meaning:information entropy as a quality measure for 3-D geological models[J]. Tectonophysics(526):207-216.

6 矿山地质体多模型构建与不确定性分析应用

6 矿山地质体多模型构建与不确定性分析应用

针对第 4、第 5 章提出的语义尺度下地质体三维多模型构建与三维属性模型不确定性分析方法，笔者在矿山实际勘探资料基础上，以构建铜矿床地质体三维属性模型为例，通过不同语义尺度的多模型序列构建及对模型不确定性的定量分析与修正过程，对前述模型构建与不确定性分析的理论、方法的可行性和有效性进行了验证。

6.1 矿区概况与实验准备

6.1.1 实验矿区地质概况

本章选取的实验矿区是一座以铜、硫为主，共生钼、铁、锌，伴生金、银等的大型综合性矿区（简称 M 矿区），矿床类型包括矽卡岩型、斑岩型、似层状块状硫化物型等，主要矿体产状有似层状、豆荚状、透镜状、带状及席状五种类型。

矿区内岩浆岩主要包括花岗闪长斑岩和石英斑岩，呈岩株状产出。在花岗闪长斑岩与灰岩的接触带形成了矽卡岩型矿体，在石英斑岩、花岗闪长斑岩的小岩体中形成斑岩型铜钼矿体（上铜下钼，铜帽钼柱），在中石炭统黄龙组灰岩与上泥盆统五通组砂岩层面上形成了似层状块状硫化物型矿体，经过多次成矿蚀变作用的叠加，矿区不同类型的矿床中形成了不同的蚀变矿化分带和复杂的矿物组合。由矿区原始钻孔勘探线剖面可知，矿区地质构造较为复杂，从南到北依次出露志留～三叠系，燕山期中酸性小岩体发育，晚期与钼成矿作用相关的石英斑岩侵位于早期与铜成矿密切相关的花岗闪长斑岩的通道中，形成的各种地质残留构成了矿区的基本格架。

6.1.2 实验软件工具介绍

本次实验将在对矿区地质勘查数据进行整理和编录的基础上，完成克里格估值、随机模拟、矿山地质体三维结构模型和属性模型构建等工作。基于对地学领域软件的通用性考虑，数据整理和三维构建采用资源量估算与矿体三维建模软件（Estimation and Modelling，iExploration-EM）实现，随机模拟计算选用 SGeMS 软件实现，数据的统计分析功能由 Matlab 软件实现。

iExploration-EM 三维建模软件由中国地质调查局发展研究中心与中国地质大学（武汉）教育部地理信息系统软件及应用工程中心共同研发。该建模软件基于 MapGIS-TDE 平台开发，面向数字化地质勘查成果编制，能够实现从矿产资源野外调查到地质成图、矿体圈定、矿床地质建模、品位估计和储量估算全过程的数字化和可视化。该软件能够根据勘查工程的测量数据进行各类勘查工程三维模型建立和显示；基于矿体剖面图和轮廓线重构技术进行矿体结构模型建立，并能够自动计算矿体体积、品位等储量信息；能够根据克里格估值结果生成矿体品位的三维属性模型。软件基于地质统计学的资源储量估算模块主要提供以下五种功能:实验变差函数计算、变差函数理论模型拟合、结构分析与套合、搜索椭球设置、交叉验证。本次实验中的勘查数据整理、变差函数计算、矿体圈定、地质体三维结构模型和属性模型的构建与三维可视化等功能由该软件实现。

SGeMS(Stanford Geostatistical Modeling Software)是由美国斯坦福大学开发的地质统计学建模软件,其中包含了地质统计学中的多种算法,如克里格插值、序贯模拟、多点模拟等。该软件提供了可视化的三维交互环境,允许用户自行编写脚本语言并实现一些计算及应用,可以使用插件来添加新的地质统计学工具、新的网格数据结构或者定义新的输入、输出文件格式。本次实验利用该软件的条件模拟模块实现随机模拟计算等功能,相关算法由内置开源软件 Python 实现。

Matlab 是美国 Math Works 公司出品的商业数学软件,主要用于算法开发、数据可视化、数据分析以及数值计算的交互式环境开发。基于其丰富的二次开发接口及数据统计分析模块,本次实验利用该软件实现模拟数据值与克里格估值数据的成对 t 检验计算功能,相关算法在 Visual C++环境下实现。

6.1.3 数据组织与结构模型构建

对矿山勘查数据进行建库整理是建立三维模型及进行储量估算的基础。勘查数据来源于矿山地质过程的各个阶段,包括基础地质、矿床地质、勘探地质及水文环境地质等多项数字化成果,呈海量、多源、异构等特点,因此对数据的解译和编录整理需参照国家相关规定和行业标准执行。

M 矿区勘查数据来源于矿山地质过程中的钻孔资料,包括编号、地理坐标、高程、品位属性值长度、岩层岩性及矿石采取率等地质信息。经过对 Cu、Zn、S、Mo 等多个主要有益元素化学分析数据进行编录,共完成 25 条勘探线和 159 个钻探工程数据编录工作,数据汇总采用 iExploration-EM 系统所提供的 Excel 模板,数据导入后生成原始勘探数据库。同时,为保证原始编录地质信息的一致性和完整性,在勘探数据建库完成之后,对库内数据进行了数据检查与校正工作。图 6-1 为叠加了矿区地表模型 DTM 的 M 矿区勘探工程分布图。

矿体结构模型的构建不仅能够直观反映矿体的空间形态和矿体间的接触关系,而且也是后续对矿体进行边界约束的依据,结构模型的构建包括以下几个内容:①根据工业指标圈定单工程矿体;②剖面矿体圈定与地质解译;③轮廓线拼接、重构生成矿体表面。M 矿区矿体实体模型的构建过程在 iExploration-EM 系统中采用人-机交互方式完成,依据的行业标准为《矿产资源工业要求参考手册》(《矿产资源工业要求参考手册》编委会,2021)和《矿产地质勘查规范铜、铅、锌、银、镍、钼》(DZ/T 0214—2020)。图 6-2 为 M 矿区的矿体模型,矿区内共包括三个矿体,对应编号分别为 1 号矿体(KT1)、2 号矿体(KT2)、3 号矿体(KT3)。

6 矿山地质体多模型构建与不确定性分析应用

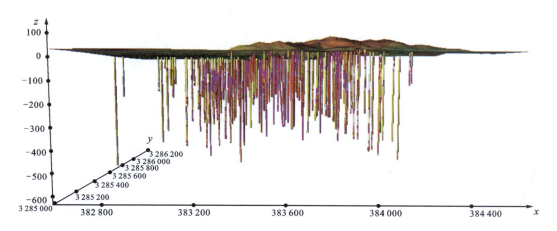

图 6-1　M 矿区勘探工程分布图

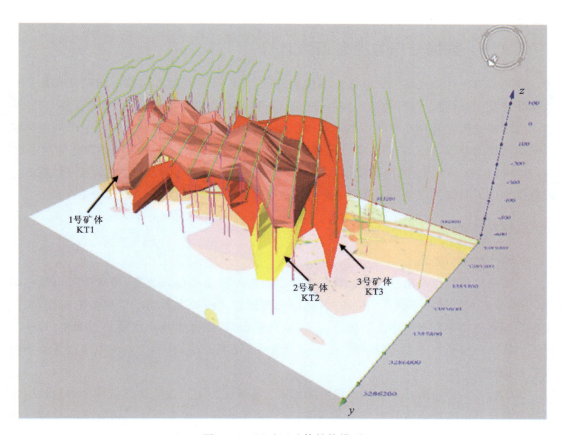

图 6-2　M 矿区矿体结构模型

6.2 矿山地质体多模型构建

本节采用第 3 章提出的基于语义尺度的矿山多模型序列构建原理和方法,以地质体三维属性模型为例,通过 M 矿区 Cu 品位属性多模型的构建,验证笔者提出的多模型构建理论和方法的可行性与合理性。多模型构建和方法验证的思路:首先,在 6.1 中 M 矿区勘查数据整理的基础上,依据矿山生产的地质过程,分别选取矿区地质普查报告、地质勘探报告及矿山生产采准资料中的钻孔数据,建立不同的实验勘查数据集并分别对数据进行预处理及样品组合;其次,根据基于语义尺度的矿山三维多模型序列定义,确定各模型的相应插值算法及对应的语义粒度,以 Cu 为区域化变量进行实验变差函数分析和理论变差函数拟合;最后,利用克里格估值和模拟计算,分别插值产生各对应语义尺度层次下的 Cu 品位地质体三维属性模型,并通过 Cu 品位的频率直方图、变差函数图及采样点插值数据精度的比较完成验证过程。

6.2.1 数据处理与变差函数计算

利用克里格估值或模拟算法进行品位插值前,首先需对原始勘探数据和钻孔样品进行数据处理及变差函数计算,包括特高品位值处理、钻孔样品组合、实验变差函数计算、理论变差函数结构分析与套合等步骤。通过对地质普查报告、地质勘探报告及矿山生产采准资料中钻孔数据的整理,获得矿山地质过程普查、勘探、采准三个阶段的钻孔样品数分别为 8623 件、13 543 件和 18 421 件,因各阶段数据处理与变差函数计算过程类似,故本节仅以采准阶段数据为例说明其数据处理与变差函数计算过程。

1. 钻孔数据处理

1)特高品位值处理

特高品位值是指高出主体分析数据平均值很多的样品品位观测值,特异值可出现在采样、化验分析和数据编录的各个阶段,特高品位值的存在将极大影响品位模型的精度,具体表现为提高组合样数据整体的均值和方差,提升基台值,降低变异函数曲线稳健性;对样品周围块体的品位估算产生强烈影响,提高金属量和矿石量估值;在品位估值中可能导致负的权系数出现等(Rendu,1979)。

目前特高品位值的处理主要以截平法和估计临域法为主。截平法是指将样本数据中特高品位值按某一特定阈值替换或将其剔除,尽管截平法一定程度上能弱化特高品位值对样品周围块体平均品位估算的贡献度,但由于其阈值的影响范围等同于其他样品,因而对平均品位下降带来的影响可起到抵消作用(孙玉建,2008)。本节采用该方法对钻孔样品数据进行特高品位值处理,特定阈值的获取依据估计临域公式,即

$$G_L = \sqrt{\frac{I \cdot \sigma^2 \cdot (n+1)}{n}} + m \qquad (6-1)$$

式中：G_L 为特高品位 G 的替代阈值；n 为邻域内扣除可疑值 G_L 的样品数目；m 为剔除 G_L 的样本均值；σ 表示标准差；I 为服从 F 分布的识别特高品位值的统计量。当 $I > 3.84$ 时，G 可判定为特高品位值，其概率大于 95%。

通过对钻孔样品数据的统计可知，Cu 品位平均值为 0.507%，最大值为 38%，超过平均值近 75 倍。由累计概率计算可知，95% 的数据范围在 4.74% 以内，因此对 Cu 品位值高于 4.74% 的数据统一按 4.74% 进行替换。特异值处理前后 Cu 品位数据对比见表 6-1。

表 6-1 Cu 品位数据特高品位值处理前后对照表

品位数据	原始组合样	特异值处理样
平均值/%	0.507	0.461
标准差	1.177	0.722
最大值/%	38.000	4.740
最小值/%	0.000	0.000
上四分位数/%	0.530	0.530
中分位数/%	0.213	0.213
下四分位数/%)	0.080	0.080
偏度	598.620	198.770
峰度	5 478.030	431.390
变异系数	2.321	1.566

从表 6-1 可以看出，经过特异值处理后，Cu 品位变异性降低，标准差从 1.177 减少至 0.722，变异系数从 2.321 减少至 1.566。

2) 样品组合及其统计分布

样品组合是将原始不等长的样品按相同长度重新组合，通过原始样品的组合划分，得到一组承载相同的离散化数据点。它是地质统计学理论中插值算法的前提和基础。

对于样品的组合方式及取样长度的确定，侯景儒等(1998)、贾明涛等(2003)、孙玉建(2008)等学者提出了不同的论点和方法。笔者采取"取大于样长均值的最大频数对应的原始单样品长度为组合样长"原则，沿勘探工程测斜方向自上而下并以该组合样长的高度进行组合划分，这样的方式既能保证组合后的样品具有相同的承载，同时又可防止因组合样过大而产生品位均修现象。

由 M 矿区原始样长的统计分布特征可知，原始样品的取样长度集中在 1.69~2m 之间且平均长度为 1.92m，因此采用 2m 的样长对样品进行重新组合划分，最后获得组合样 18 317 个，图 6-3 为组合样的统计直方图。

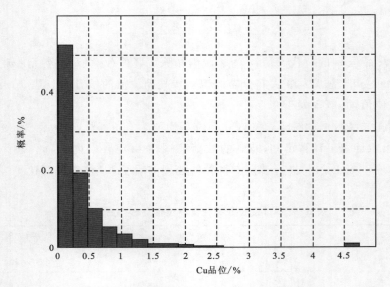

图 6-3 组合样 Cu 品位统计直方图

3）数据变换处理

由图 6-4 可知,组合样 Cu 品位的统计分布呈明显负偏态特征,说明样本数据中存在对估值结果影响较大的结构比例效应,结构比例效应的存在将使下一阶段实验变差函数的波动性增大。因此,为提高变差函数的稳健性、保证估值数据服从平稳假设分布,需对样品数据进行标准正态变换。需注意的是,由于原始数据经过标准正态变换,因此无论是采用克里格估值还是模拟计算完成 Cu 品位插值计算后,都需对数据进行逆变换以便得到最终结果。Cu 品位数据经标准正态变换后统计特征见表 6-2,统计分布直方图见图 6-4。

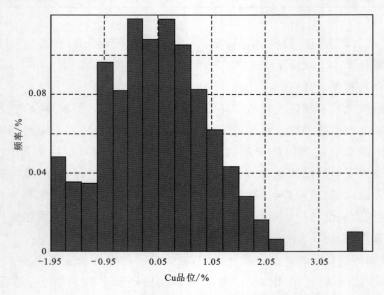

图 6-4 M 矿区组合样正态变换统计直方图

表 6-2 M矿区组合样正态变换统计特征结果

统计项	Cu	统计项	Cu
样品数/个	18 317	偏度	27.116
最大值/%	3.870	峰度	28.510
最小值/%	−1.949	变异系数	22.120
均值/%	0.045	上四分位数	0.683
标准差	0.997	中分位数	0.000 1
缺失样品数/个	0	下四分位数	−0.613

2. 实验变差函数计算与理论模型拟合

变差函数的分析过程是克里格估值与模拟算法的基础,其结果直接影响插值计算的精度,变差函数的分析过程包括实验变差函数计算与理论模型拟合两个主要步骤。

1) 实验变差函数计算

计算实验变差函数首先需确定合理的搜索步长。本次研究以9m为起始搜索步长,并以此为增量计算9~54m不同搜索步长下,矿体倾向方向全方向的实验变差函数变异性(搜索参数见表6-3)。从不同步长的实验变差函数图的对比中可发现,当步长取值18m时,其变差函数趋于稳健,因此本次研究计算实验变差函数的搜索步长取值为18m。图6-5为该步长下的变差函数曲线图。

表 6-3 不同搜索步长下实验变差函数参数表

步长/m	方位角/(°)	容差/(°)	水平带宽/m	倾角/(°)	容差/(°)
18~54	0	90	200	0	90

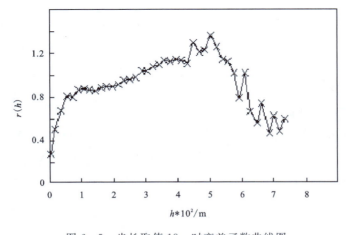

图 6-5 步长取值18m时变差函数曲线图

在搜索步长确定基础上计算 M 矿区主轴、次轴及垂直轴方向的实验变差函数：首先设定搜索倾角为 0°，方位角以 10°为增量从 0°至 180°实施变异函数实验（参数见表 6-4）。通过对 18 组变差函数曲线的筛选，确定主轴最佳方位角为 20°，然后按 11°的增量计算 -90°~90°的变差函数曲线，经比较和筛选确定主轴方向，进一步获得次轴及垂直轴方向。

表 6-4 实验变差函数参数表

方向	步长数	步长/m	步长容差/m	方位角/(°)	容差/(°)	倾角/(°)	容差/(°)
主轴	50	18	9	20	22.5	-68	22.5
次轴	50	18	9	110	22.5	0	60
垂直轴	50	18	9	20	22.5	22	45

块金值的计算根据钻孔方向变差函数确定。通过获得的变异函数曲线前几个较为稳定的函数点的连线与 y 轴的交点来确定块金值。本次计算基本滞后距为组合样长 2m，采用指数模型进行拟合，确定的块金参数为 0.02，块金值求取结果如图 6-6 所示。

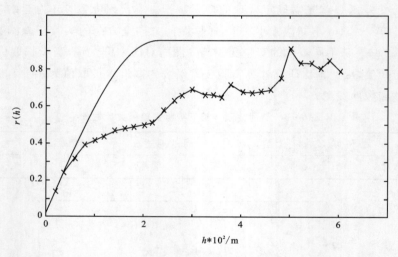

图 6-6 块金值求取拟合图

2) 理论变差函数模型拟合

通过实验变差函数得到的离散点，需拟合为一定的函数形式，如球状模型、理论模型及高斯模型等理论模型后用于插值计算。根据 M 矿区三个方向实验变差函数的计算结果，利用指数模型进行结构分析与理论模型拟合，拟合结果及拟合参数分别如图 6-7 及表 6-5 所示。

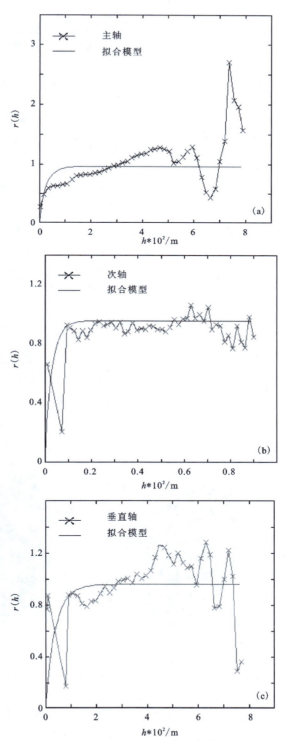

图 6-7 M 矿区变差函数理论模型拟合图

(a)主轴方向;(b)次轴方向;(c)垂直轴方向。

表 6-5 M 矿区 Cu 品位理论模型拟合参数

块金值	基台值	方位角/(°)	倾角/(°)	主轴变程/m	次轴变程/m	垂直轴变程/m
0.02	0.82	20	−68	87.70	92.00	123.10
0.02	0.12	20	−68	21.50	70.00	84.80

6.2.2 多模型构建实例与结果分析

本次构建矿山多模型的研究区域长 1800m，宽 800m，深 800m，结合实际勘探网度、样本数据空间分布位置及开采设计的最小采矿单元等因素，将该区域划分为 90×40×100 个栅格，每个栅格块体的尺寸为 20m×20m×8m。

根据第 3 章语义尺度下多模型序列定义，普查、勘探、采准地质过程语义对应的建模序列分别为 MS3DMODEL1、MS3DMODEL3、MS3DMODEL5，其算法语义 MS3DMODEL1/3 对应模拟算法，MS3DMODEL5 对应估值算法。本次研究采用的估值算法为普通克里格估值，模拟算法为序贯高斯模拟。

现设定模拟算法置信度 α_i＝0.005、0.01、0.05、0.1，根据 3.3.2 节矿体品位多模型构建方法，选取 30 个未知点分别进行估值和模拟计算，再根据计算结果对两组数据进行基于成对数据的 t 检验。需要注意的是，对模拟平均值和估值组成的数据组进行 t 检验以判断显著性水平 α_i 时，其样本构成为模拟平均值和估值的差值。MS3DMODEL1 和 MS3DMODEL3 所对应的 α_i 分别为 0.005 和 0.05。经计算可知，SimCount 模拟次数值分别为 7 和 22。

图 6-8 为采用 SGeMS 序贯高斯模块生成的矿体品位模拟计算分布图以及在 iExploration-EM 环境下利用普通克里格方法生成的矿体品位三维模型。

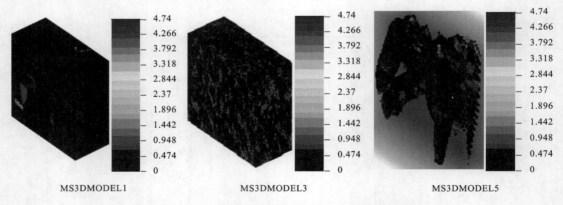

图 6-8 M 矿区 Cu 品位模拟结果与克里格估值图

图 6-9 和图 6-10 分别从频率直方图和变差函数角度将 Cu 品位多模型与实测数据进行比较。由图 6-9 可知，由模拟算法生成的 MS3DMODEL1 和 MS3DMODEL3 模型与矿体的真实数据在频率分布上基本保持一致，而由克里格估值生成的 MS3DMODEL5 模型频率分布较集中，显示了模拟算法生成的矿体模型能较好地体现真实矿体的品位数据波动性。

由图 6-10 可知,MS3DMODEL1 和 MS3DMODEL3 模型的变差函数曲线变化趋势与真实数据基本吻合,能较好地反映 Cu 品位的空间变异性,而 MS3DMODEL5 模型的变差函数曲线平滑效果较明显。

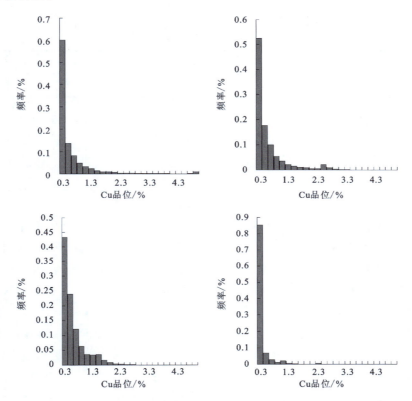

图 6-9 Cu 品位多模型频率直方图对比

(a)实测数据直方图;(b)随机模拟(MS3DMODEL1);(c)随机模拟(MS3DMODEL3);
(d)克里格估值(MS3DMODEL5)。

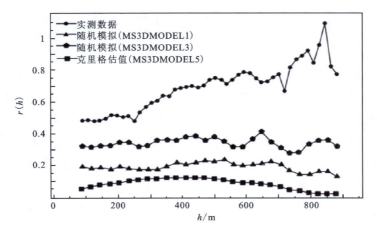

图 6-10 Cu 品位多模型变差函数对比

为比较矿山多模型在插值计算过程中数据精度的变化过程,在三个矿体中任意选取五个取样点,各点在不同模型中的插值计算结果见表6-6。由插值计算结果可知,随着语义层次的递进亦即模拟次数的增加,模拟结果的平均值逐渐趋近于克里格估值的计算结果。

表6-6 Cu品位多模型插值结果比较表

位置	MS3DMODEL1	MS3DMODEL3	MS3DMODEL5
1(3号矿体)	0.697 326	0.769 125	0.752 330
2(3号矿体)	1.385 923	1.276 569	1.205 338
3(2号矿体)	0.739 348	1.067 521	1.048 870
4(1号矿体)	0.951 841	0.642 039	0.649 303
5(1号矿体)	0.804 233	0.642 163	0.613 120

由以上基于不同语义及插值算法构建的Cu品位模型构建实例可知,采用普查阶段较稀疏的地质数据构建的MS3DMODEL1模型,能够反映矿山全局的品位分布状况,为矿产资源远景和开发预测提供依据。采用勘探阶段较完整的地质数据构建的MS3DMODEL3模型,在矿床品位分布的描述上能够兼顾波动性和精确性,为矿山企业在选择开采方式、设计选冶工艺、制定配矿规划等生产环节中提供理论依据。利用勘探采准阶段丰富的地质数据构建的MS3DMODEL5模型,能够以无偏及误差最小的方式较为准确地描述矿床品位分布情况,为矿产资源储量估算提供可靠的储量数据。因此,笔者提出的矿山多模型构建方法能够在矿山地质的不同阶段,依据矿山勘查数据的不同特点,分别在矿体全局性、波动性和插值精确性等方面满足矿山企业对矿山三维模型的多层次需求。矿山三维多模型的构建,实现了矿山空间实体的多粒度表达模式。

6.3 地质体三维属性模型不确定性分析

本节以第4章提出的基于信息熵的三维模型不确定性分析原理与方法为基础,对实验矿区的Cu品位地质体三维属性模型进行不确定性定量分析,并利用分析结果实现模型的修正过程。笔者选择距离地表最近的1号矿体作为研究对象,该矿体为似层状含铜硫化物矿体,受五通组石英岩与黄龙组灰岩之间假整合面及F2层间断裂带控制,矿体总长度为1950m,其中主要工业矿段长度为1120m。矿区栅格化处理后分布有90×40×100个栅格,每个栅格的块体尺寸为20m×20m×8m。

本节的实例分析步骤是以上一阶段对矿山生产采准勘查资料的数据整理成果为基础,根据5.3.2节提出的属性模型不确定性定量分析方法,实现全矿区Cu品位三维属性模型不确定性分布及可视化过程,统计计算1号矿体总信息熵值,实现该矿体的不确定性定量分析过程。根据5.3.3节提出的属性模型误差检测与修正方法，在1号矿体区域内选取两个熵值较大的检测区域，利用矿区开采阶段加密钻孔资料，通过检测区域总熵值和平均品位加密前后的比较，验证模型修正方法的可行性。

6.3.1 属性模型不确定性定量分析实例

在6.2节矿山地质体多模型构建实例中，笔者采用普通克里格方法完成了采准阶段Cu品位三维属性模型（MS3DMODEL5）的构建过程。笔者利用其已有的数据整理结果和栅格划分方式，对样品数据进行序贯高斯模拟，生成不确定性分析数据集合。在对每个栅格进行品位指标化处理过程中，由于矿体的工业品位即最低可采品位，代表着可采矿体、块段或单个工程中有用组分平均含量的最低限，是区分工业矿体与非工业矿体的分界标准之一，因此，根据铜矿床有关地质勘查规范标准，选择最低工业品位（0.4%）作为品位阈值，并以该阈值为判定条件，利用计算获得的Cu矿床信息熵来表达矿体空间分布的不确定性。铜矿床的一般参考工业标准如表6-7所示。

表6-7 铜矿床一般参考工业标准

项目	硫化矿石		氧化矿石
	地下开采	露天开采	
Cu边界品位/%	0.2~0.3	0.2	0.5
Cu最低工业品位/%	0.4~0.6	0.4	0.7
最小可采厚度/m	1~2	2~4	1
夹石剔除厚度/m	2~4	4~8	2

根据公式（5-17），对模拟完成的等概率品位模型的每个栅格进行指标变换计算，经品位概率统计计算后（5-18），与矿床实体模型约束生成Cu品位概率分布图（6-11）。模拟计算基于SGeMS软件的序贯高斯模拟算法，模拟次数为100次。

在Cu品位概率分布结果基础上计算矿体各栅格熵值与总熵值。因笔者采用bit作为信息熵的量纲标准，所以总熵值计算公式（5-19）在实际应用时采用如下定义

$$H_T = -\sum_{x=1}^{M}[p(x)\log_2 p(x) + (1-p(x))\log_2(1-p(x))] \qquad (6-2)$$

经计算，1号矿体Cu品位模型与实体模型约束后，栅格块体数为27 124个，总熵值H_T为21 679.227（bit）。图6-12为矿体区域信息熵分布图。

6.3.2 品位模型修正实例

根据1号矿体的矿床规模、厚度稳定程度及矿化连续程度等矿床地质特征，其勘查类型可归为Ⅲ类，在地质行业标准《矿产地质勘查规范铜、铅、锌、银、镍、钼》（DZ/T 0214—2020）

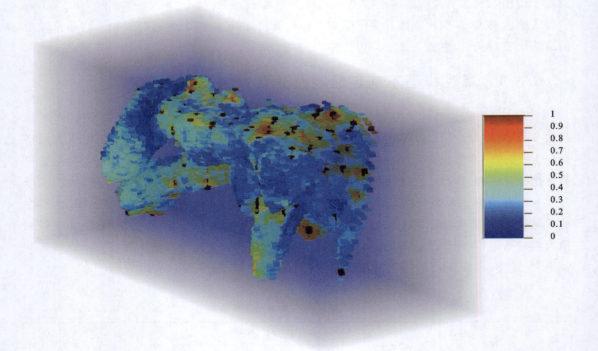

图 6-11　矿体区域 Cu 品位概率分布图

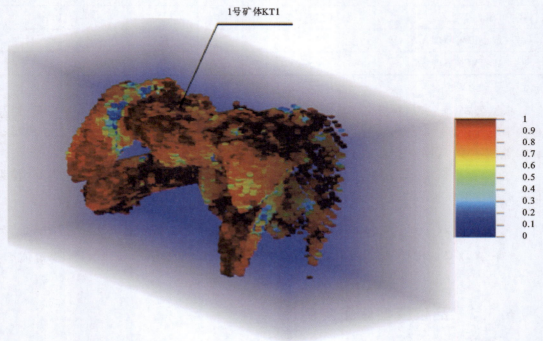

图 6-12　矿体区域信息熵分布图

中,储量级别为331、勘查类型为Ⅲ类的铜矿床勘查工程加密间距规则为:沿倾向40~50m,沿走向30~40m。

在6.2节已实现的矿区信息熵分布结果基础上,根据勘查工程规范及矿体地质规律,以距离原勘探钻孔30~50m间距为限,结合矿区自然条件,在1号矿体内划定五个检测区域,通过对检测区域内信息熵平均值的比较,确定熵值较大的 A 区域和 B 区域为加密区。图6-13显示了1号矿体加密区域分布情况。

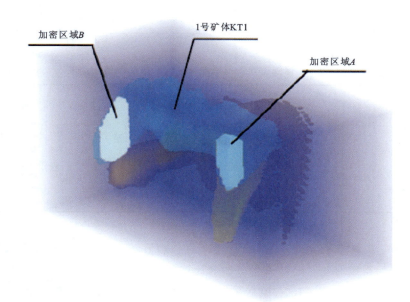

图6-13　1号矿体加密区域分布图

A 区域位于6号和7号勘探线之间,尺寸为80m×100m×250m,信息熵平均值为0.782(bit);B 区域位于10号和11号勘探线之间,尺寸为80m×120m×290m,信息熵平均值为0.848(bit)。

由 M 矿区生产勘探资料可知,1号矿体的 A 区域和 B 区域在生产勘探过程后期分别增加了三个加密钻孔,A 区域增加的钻孔编号为 ZK714、ZK715、ZK716,B 区域增加的钻孔编号为 ZK104、ZK107、ZK109。对加密区域内钻孔数据的添加采用逐步增加方式,分别计算该区域信息熵的变化程度。由表6-8中的信息熵变化结果可知,加密区域内模型不确定性随钻孔增加而降低。

对1号矿体进行加密勘查后,利用增加的钻孔数据对矿体品位模型进行重新构建,完成品位模型的修正过程。表6-9显示品位模型修正前后,两个区域信息熵及 Cu 品位值的变化情况。

表 6-8　钻孔加密过程信息熵变化表

钻孔累加顺序	A 区域（块体数:561 个）		B 区域（块体数:655 个）	
	累加钻孔编号	累积减少熵值/bit	累加钻孔编号	累积减少熵值/bit
1	716	−37.572	104	−21.777
2	715,716	−60.171	104,109	−32.348
3	714,715,716	−66.609	104,107,109	−54.091

表 6-9　矿体模型修正前后加密区域熵与品位值变化表

矿体模型状态	A 区域（块体数:561 个）		B 区域（块体数:655 个）		A+B 区域
	总熵值/bit	平均熵值/bit	总熵值/bit	平均熵值/bit	平均品位值/%
修正前	438.528	0.782	555.470	0.848	0.924
修正后	371.919	0.663	501.379	0.765	0.762

由表 6-9 可知,矿体模型修正后,加密区域的总熵值随之减少,区域内 Cu 品位值随模型精度的提高而得以修正。经对 1 号矿体的计算可知,模型修正前,经克里格方法估算的 Cu 资源储量约为 $2.200\,636\times10^6$t,模型修正后,新增钻孔的数据修正了原矿体模型不确定性较大区域的品位分布情况,Cu 资源储量估算约为 $2.196\,467\times10^6$t,减少了 4 169.937t。

同时,由对 1 号矿体的总熵值计算可知,模型修正前后的总熵值分别为 21 679.227bit 和 1 469.200bit,共减少 210.027bit,明显高于表 6-8 中 A、B 区域各钻孔单独计算的减少熵值之和−120.7bit。这说明由于矿体品位分布具有空间相关性,加密区以外区域的不确定性也因钻孔的增加而出现下降趋势,矿体模型的整体不确定性得以降低。

6.4　讨论与小结

本章利用某实验矿区在矿山开采过程中不同阶段的地质资料与数据,以 Cu 矿体三维品位模型为例,分别对本书提出的矿山多模型构建和矿山模型不确定性分析方法进行了实例验证。

以地质普查报告、地质勘探报告及生产勘探采准数据为基础建立矿山多模型序列,通过对 Cu 品位的频率直方图、变差函数图及取样插值点数据精度的比较,验证了根据不同语义尺度建立的矿山三维模型,能够在矿山地质过程的不同阶段,实现对矿体全局性、空间相关性和精确性的多层次表达,使矿山三维模型具备多粒度特性。

在实验矿区 Cu 品位模型的基础上,实现了以熵为测度与评价工具的品位模型不确定性定量分析与可视化过程,利用不确定性定量分析结果,对实验矿区 Cu 品位模型进行了误差检测和模型修正,通过模型修正前后熵值、品位值及 Cu 资源储量的数值对比,验证了矿山三维模型不确定性分析方法的可行性。

参考文献

《矿产资源工业要求参考手册》编委会,2021.矿产资源工业要求参考手册[M].北京:地质出版社.

侯景儒,尹镇南,李维明,等,1998.实用地质统计学[M].北京:地质出版社.

贾明涛,潘长良,王李管,2003.克服地质统计学矿床建模中主观因素影响技术研究[J].地质与勘探,39(4):73-77.

孙玉建,2008.地质统计学在固体矿产资源评价中的若干问题研究[D].北京:中国地质大学(北京).

RENDU J M M,1979. Normal and lognormal estimation[J]. Journal of the International Association for Mathematical Geology(11):407-422.

7 地质体三维模型多源不确定性整合与评价

笔者已对地质体三维模型不确定性评价方法，尤其针对属性建模的不确定性来源和不确定性传递过程进行了深入探讨和研究，受到方法本身基本假设的限制，三维模型不确定性评价的准确性同样依赖于多源不确定性的整合过程。为了评估多源不确定性对三维模型质量的综合影响，尤其是地质体三维结构模型构建过程中多源不确定性整合机制与评价方法，本章基于贝叶斯理论，将各项不确定性因素进行整合，综合评估模型受多源不确定性的影响。利用地层面高程随机函数，将多种不同形式和来源的不确定性量化，定量描述地质结构的不确定性，然后基于贝叶斯方法，将数据误差、建模方法的不确定性和建模人员的认知偏差整合为地层面高程的后验分布。根据地层间的接触关系，地层面高程的概率分布被转化为地层属性条件概率。最后通过地层属性概率场，计算模型各处的信息熵，分析评估多源不确定性对模型质量的综合影响。

7.1 地层面高程随机函数

在地质结构模型中，构造界面代表了某种或多种属性的突变带（李青元等，2016）。为了量化地质模型的不确定性，基于 Pomian-Srzednicki 的研究工作（Pomian, 2001），我们重新定义了一个地层面随机函数来描述模型空间中地质结构的可能位置。当地层面被视为各向同性时，无须考虑地层的倾向和走向，直接使用 (x, y, z) 坐标系，将 (x, y) 位置的地层面高程值定义为随机函数 $Z(x, y)$。当地层构造存在方向性时，可以根据研究区域主要构造方向定义一个 (u, v, z) 坐标系：u 轴平行于走向，v 轴平行于倾向，uv 平面是水平面，z 轴垂直于 uv 平面（向上）。将 $\boldsymbol{u} = (u, v)$ 位置的地层面高程值定义为随机函数 $Z(\boldsymbol{u})$，如图 7-1 所示。坐标变换的原因是考虑空间变化的各向异性。由于不同界面的构造方向可能是不同的，此时对每个界面对应的 (u, v, z) 坐标系都应该单独定义。

在地质统计学中，描述地质结构的地质变量包含两部分特征：结构性特征和随机性特征。结构性特征主要源于地质结构的空间自相关。随机性特征反映了测量误差和建模方法的不确定性。因此，随机函数 $Z(\boldsymbol{u})$ 由两部分组成：局部漂移 $m(\boldsymbol{u})$ 和局部变异 $\sigma(\boldsymbol{u}) \cdot \varepsilon(\boldsymbol{u})$。

$$Z(\boldsymbol{u}) = m(\boldsymbol{u}) + \sigma(\boldsymbol{u}) \cdot \varepsilon(\boldsymbol{u}) \tag{7-1}$$

第一部分是 $Z(\boldsymbol{u})$ 在 $\boldsymbol{u}$ 处最可能的值 $m(\boldsymbol{u})$，第二部分是围绕最佳预测 $m(\boldsymbol{u})$ 的随机波动 $\sigma(\boldsymbol{u}) \cdot \varepsilon(\boldsymbol{u})$。$m(\boldsymbol{u})$ 是基于地质人员对地质现象的认识给出的推断。$\sigma(\boldsymbol{u})$ 是随机波动的振幅。$\varepsilon(\boldsymbol{u})$ 是 $\mathrm{Var}[\varepsilon(\boldsymbol{u})] = 1$ 的随机函数。与 Tacher 等（2006）提出的方法不同的是，此处 $\varepsilon(\boldsymbol{u})$ 也是空间依赖的。在采样数据和信息有限时，我们常常简单地假设 $E[\varepsilon(\boldsymbol{u})] = 0$，令 $\sigma(\boldsymbol{u})$ 为标准正态分布（Gunning and Glinsky, 2004）。但是需要注意的是，$\sigma(\boldsymbol{u})$ 的分布特征取决于在位置 $\boldsymbol{u}$ 附近的空间相关结构，并不仅限于高斯分布。

影响 $Z(\boldsymbol{u})$ 的不确定性因素如下。

(1) 数据误差。$\sigma(\boldsymbol{u})$ 表达了变异性和数据误差在位置 $\boldsymbol{u}$ 上造成的随机波动大小的总和，它受数据误差和地质现象自身的变异性两方面因素的影响。$\sigma(\boldsymbol{u})$ 的一部分由数据误差导

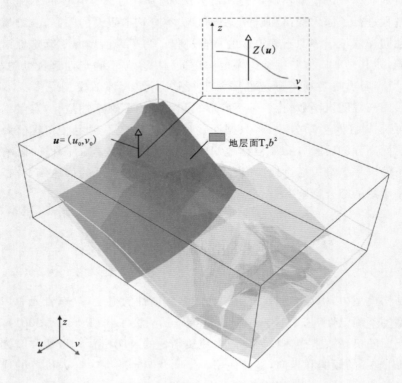

图 7-1 地层面高程随机函数

致,另一部分反映了地质变量的变异程度。

(2)建模方法的不确定性。从概率和统计学的观点来看,地质现象的观测是一个区域化随机过程的结果。在未观测区,地质现象的分布具有随机性。实际应用中,我们根据应用的需要,对未知变量基于一定的数学假设(内蕴假设、平稳假设、高斯假设等)选择合适的建模方法。不同的建模方法各自都有描述空间变异性的理论模型和数学假设,这些理论模型和数学假设对变异性的描述具有多种表达形式。随机函数 $\varepsilon(\boldsymbol{u})$ 反映了所选择的建模算法描述空间变异的分布模式。

(3)认知偏差。认知偏差是建模者头脑中的一种系统性误差(Haselton et al.,2005;Ariely,2008)。由于知识的缺乏或概念的偏差,建模者的主观偏见将不可避免地影响自身参与的建模过程,并导致模型结果存在偏差和局限性(Mann,1993)。建模方法、建模软件以及用作建模工具的所有组件都不可避免地受到建模者认知的影响。因此,认知偏差造成的不确定性不仅来源于建模过程中的人机交互,还来源于建模方法的选择、软件参数的设置等。建模者的主观决策导致地质模型的认知不确定性。虽然认知的不确定性很难量化,但所建立的模型是基于可用的观测数据和建模者自己的主观理解的,因此,建好的地质模型反映了建模者对研究对象的认知。我们假设建模者在考虑了全面的信息后对地质结构进行建模,在保证模型与采样位置的观察结果一致的前提下,将建模者认为最可能的地质结构作为模型结果,这样所构建的地质模型是对整个研究区域最佳猜测的一个实例。模型与实际的偏差反映了认知偏差造成的不确定性。需要指出的是,在认知不确定性中,还存在"我们不知道我们不知道的"和"我们不能知道的"(Caers,2011),即"未知的未知",在理论上,这种不确定性只利用给定的信息是无法定量估计的。"未知的未知"的潜在影响超出了本书的研究范畴,本书中的认知不确定性未考虑此部分。

用误差理论的观点看,$m(u)$ 表示带有系统误差的预测值,$\sigma(u) \cdot \varepsilon(u)$ 表示随机误差。$m(u)$ 是带有认知偏差的最可能结果。$\sigma(u)$ 表示随机不确定性的大小。$\varepsilon(u)$ 则表示了随机不确定性的分布模式。在误差理论中,精度(precision)与准确度(accuracy)不同,精度表达了测量值的离散程度,准确度反映了多次测量的平均值与真值的偏差(图 7-2)。准确度与精度总称精确度(Exactness),精确度是随机误差和系统误差的综合反映。认知不确定性或许不会降低地质模型的精度,但是可能会改变模型的准确度。多源不确定性因素之间相互影响,如在建模过程中,测量数据的随机误差与短距离的变异性合并体现为块金效应,块金效应被空间变异函数统一描述。因此,不能将各不确定性因素简单地视为独立变量,应按照一定的整合规则计算多源不确定性的综合影响。

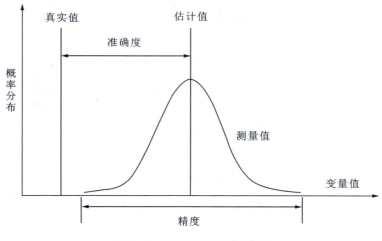

图 7-2 精度与准确度的差异

7.2 多源不确定性整合方法

贝叶斯理论在多源信息融合中有着广泛的应用(Dowd,2018)。从贝叶斯的角度看,建模过程可以看作一个对地质现象的认识逐步更新的信息融合过程。信息和不确定性犹如一枚硬币的正反两面,信息可以消除不确定性,但是实际的测量往往只能得到不准确、不全面、有偏差的信息,不确定性无法被完全消除。建模过程中,不确定性不断传播和积累,多源不确定性最终融合为一体,呈现为模型的综合不确定性。我们采用贝叶斯方法整合来自数据误差、空间变异和建模者认知的不确定性,利用信息融合的方式模拟不确定性的累积与融合。

从误差统计的角度看,数据的随机误差和建模方法的不确定性均属于随机不确定性。基于贝叶斯最大熵(Bayesian Maximum Entropy,BME)方法,我们可以将这两类不确定性整合到地层面分布的概率密度函数(Probability Density Function,PDF)中。由于认知不确定性与随机不确定性的性质不同,可以采用贝叶斯推断(Bayesian Inference,BI)方法对以BME方法得到的概率密度函数进行更新,计算每个地层面的后验概率密度函数。但是仅仅计算各独立地层面的后验概率密度函数对整个模型的不确定性分析是不够的,各界面的后验概率密度需要根据地质规则转化为多个地层属性的条件概率场。最终,采用一种统一的度量——信息熵,来描述模型中多源不确定性的综合影响。地质体三维模型综合不确定性评价流程如图7-3所示。综合不确定性评价方法的细节将在后文中详细说明。

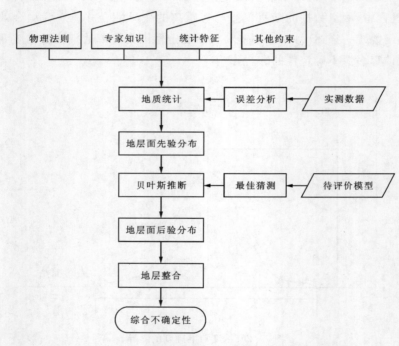

图7-3　地质体三维模型综合不确定性评价流程

7.3　测量误差与建模方法的不确定性的整合

7.3.1　贝叶斯最大熵方法

一些地质统计学预测方法(如克里格估算等)是基于最小预测方差准则和线性高斯假设提出的,而带有测量误差的多源数据可能并不符合高斯分布,其数据误差可能存在多种类型的误差分布,如均匀分布、高斯分布、伯努利分布、偏态分布等。基于高斯假设的预测方法难以处理此类数据。由于多源不确定性的内部因素构成以及作用机制具有复杂性,线性整合的方法并不一定适用,因此我们选择基于最大不确定性和贝叶斯准则的非线性预测方法——贝叶斯最大熵(BME)方法。

1990年,Christakos提出了贝叶斯最大熵方法。该方法可以根据物理法则、专家知识、统计信息等添加一些约束条件提高估计的准确性。这些区别于数据数值的约束条件被当作先验信息,贝叶斯最大熵方法首先以先验信息为约束,计算信息熵最大的先验分布。最大熵原则可以保证最大限度地将信息融入估计过程,得到最优先验分布。然后利用实测的采样数据,即样本信息,基于贝叶斯准则对先验分布进行更新,得到待求变量的后验分布。

贝叶斯最大熵方法对数据的初始分布没有特定要求,并且可以较好地处理区间、概率分布等多种形式表达的带有不确定性的数据(Bordwell,2002;Christakos,2017),系统地生成全部点位的完整概率密度函数,而不只是考虑到属性的单个值。当观测数据不存在误差,符合高斯分布时,贝叶斯最大熵方法在数学上会退化为与克里格方法相似的线性加权形式,具有与简单克里格方法相同的预测结果,此时贝叶斯最大熵方法与克里格方法是等价的(Christakos and Li,1998)。

在贝叶斯最大熵方法中,先验分布反映了未考虑实测数据前,人们基于知识和经验对地质结构的认识,后验分布反映了考虑实际采样信息之后对地质结构认识的修正,贝叶斯最大熵方法为地质结构认识的更新提供了选择。

7.3.2 基于贝叶斯最大熵的不确定性整合

我们以地层面的不确定性为研究对象,基于贝叶斯最大熵方法计算地层面的概率分布。该概率分布函数整合了受数据误差影响的空间变异信息。贝叶斯最大熵方法的流程见图7-4,主要步骤如下。

(1)计算地质变量在先验信息约束下信息熵最大的先验分布。将在$u=(u,v)$位置的地层边界高程值$Z(u)$视为随机变量。该变量的信息熵可以表达为$S=-\int_R f(z)\ln f(z)\mathrm{d}z$。概率的归一化约束为$\int_R f(z)\mathrm{d}z=1$。其他约束条件$G_i(z)$可以是期望、方差、协方差函数、变差函数或者其他知识约束等,将约束条件表达为$G_i(z)=m_i$。最终借助拉格朗日乘子法得到的表达式为

$$L=-\int_R f(z)\ln f(z)\mathrm{d}x+\lambda_0\left[\int_R f(z)\mathrm{d}z-1\right]+\sum_{i=1}^m \lambda_i[G_i(z)-m_i] \quad (7-2)$$

计算在各种约束下的$Z(u)$信息熵S最大,即满足L最大时的$f(z)$,即为地质变量$Z(u)$的先验概率密度函数。

(2)根据采样数据对局部信息进行贝叶斯更新,计算地质变量在z_0位置的后验分布为

$$f(z_0\mid s_1,s_2,\cdots,s_m)=\frac{f(z_0,s_1,s_2,\cdots,s_m)}{f(s_1,s_2,\cdots,s_m)} \quad (7-3)$$

式中：z_0 为 $\boldsymbol{u}=(u,v)$ 位置的待求高程值；$s_1,s_2,\cdots,s_m$ 为不同 $\boldsymbol{u}=(u,v)$ 位置的地层接触采样数据。对应后验概率最大的 $f(z_0|z_1,z_2,\cdots,z_m)$ 是 $Z(\boldsymbol{u})$ 的后验分布。

(3) 对当前 $\boldsymbol{u}=(u,v)$ 位置的 $Z(\boldsymbol{u})$ 值域内高程值 z 计算完毕后，转到下一个位置，直到遍历整个研究区域。

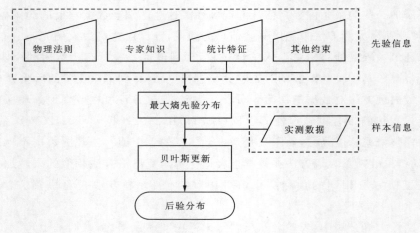

图 7-4 贝叶斯最大熵方法流程

需要指出，贝叶斯最大熵方法适用于连续的场，是一种"基于地图"的方法(有时也称为 2.5D)，不能直接用于一些复杂的地质环境，例如逆断层、穿隆结构、倒转褶皱等。我们采用了 Pomian-Srzednicki 的边界分解策略(Pomian, 2001)将复杂地质体的边界分为不同段，每段单独视为一个界面，保证同一界面在同一个 (x,y) 位置只对应一个 z 值。此方法可以解决利用"基于地图"的方法计算断层、透镜体、倒转褶皱等复杂地质构造的问题。很多时候，断层的准确位移量难以确定，此时可以将断层两侧的同一地层视作不同地层，断层两侧的地层边界各自作为一个个体并且在不确定性计算中将断层两侧的边界当作独立的边界来处理，并对各自的地层边界分别采用贝叶斯最大熵方法计算地层边界的概率分布。

7.4　考虑认知偏差的不确定性更新

建模者认知的不确定性受到许多难以定量描述的主观因素的影响。我们假设待评估的模型反映了建模者带有错误和偏见的认知，为了将认知偏差整合到综合不确定性中，笔者采用贝叶斯推断方法，利用已有模型中的信息对贝叶斯最大熵概率密度函数进行更新。

我们参考了 Tacher 等(2006)对现有模型的假设，并将该假设置于贝叶斯框架中。Tacher 等在研究中，忽略数据误差，将地质专家根据经验知识建立的最佳猜测模型 $m(\boldsymbol{u})$ 代替随机变量的期望 $m_k(\boldsymbol{u})$，来估计地质变量 $Z(\boldsymbol{u})$ 的不确定性。在不确定性整合中，在考虑建模者的认知后，$Z(\boldsymbol{u})$ 的不确定性变化为

$$Z_{\text{prior}}(\boldsymbol{u}) = m_k(\boldsymbol{u}) + \sigma_k(\boldsymbol{u}) \cdot \varepsilon_k(\boldsymbol{u}) \xrightarrow{\text{update}} Z_{\text{post}}(\boldsymbol{u}) = m(\boldsymbol{u}) + \sigma_k(\boldsymbol{u}) \cdot \varepsilon_k(\boldsymbol{u}) \quad (7-4)$$

当不考虑测量误差时，$Z(\boldsymbol{u})$ 的先验分布可以表达为期望和方差，它们分别为克里格估值 $m_k(\boldsymbol{u}) = z_k(\boldsymbol{u})$、克里格方差 $\sigma_k^2(\boldsymbol{u})$ 的高斯分布，即 $Z_{\text{prior}}(\boldsymbol{u}) \sim N(z_k(\boldsymbol{u}), \sigma_k^2(\boldsymbol{u}))$。假设模型中待求位置 $\boldsymbol{u} = (u, v)$ 处最可能的界面高度值 $m(\boldsymbol{u}) = z_m(\boldsymbol{u})$，真实值 $Z(\boldsymbol{u})$ 的后验分布可以表达为以预测模型 $z_m(\boldsymbol{u})$ 作为期望，以克里格方差 $\sigma_k^2(\boldsymbol{u})$ 作为方差的高斯分布，即 $Z_{\text{post}}(\boldsymbol{u}) \sim N(z_m(\boldsymbol{u}), \sigma_k^2(\boldsymbol{u}))$。在不考虑数据误差时，利用贝叶斯最大熵方法得到的 $Z(\boldsymbol{u})$ 的先验分布与利用克里格方法得到的高斯分布 $N(z_k(\boldsymbol{u}), \sigma_k^2(\boldsymbol{u}))$ 一致。但是，考虑到测量数据中的各种误差，贝叶斯最大熵方法可能会得到一个偏态分布，甚至是一个多峰值的复杂分布。期望和方差在贝叶斯最大熵估计中可能没有显式表达式。因此，确定 $Z(\boldsymbol{u})$ 的最优解是困难的。此外，用现有的模型代替期望是不可能的。为了更新 $Z(\boldsymbol{u})$ 的概率分布，我们选择贝叶斯推断方法。

由于测量和模型计算发生在地质建模不同的阶段，往往由不同的人进行操作，我们假设测量的样本信息和建模者的主观经验知识对于给定的 $Z(\boldsymbol{u}) = z$ 是条件独立的。此时，变量 $Z(\boldsymbol{u})$ 不确定性的贝叶斯更新过程为

$$f(Z = z \mid D, K) \propto f(Z = z \mid D) \cdot L(Z = z \mid K) \quad (7-5)$$

式中：z 为 $Z(\boldsymbol{u})$ 在定义域内的可能取值；D 为样本观测数据集；K 为建模者的经验知识，包含了建模者的认知偏差；$f(Z=z|D)$ 为贝叶斯更新前，$Z(\boldsymbol{u}) = z$ 对应的先验概率密度，该先验概率密度可根据观测数据 D，由地质统计学方法估算得到，先验分布 $f(Z|D)$ 反映了统计信息和建模算法对地质构造的理解；$f(Z=z|D, K)$ 为考虑建模者经验知识 K 后，$Z(\boldsymbol{u}) = z$ 对应的后验概率密度，后验分布 $f(Z|D,K)$ 反映了在整合了所有观测信息和建模者的主观认知之后，对地质变量 $Z(\boldsymbol{u})$ 的新理解；似然函数 $L(Z=z|K) = f(K|Z=z)$ 是 $Z(\boldsymbol{u})$ 的一个函数，$f(K|Z=z)$ 为给定 $Z(\boldsymbol{u}) = z$ 条件下经验知识 K 的概率密度，$L(Z=z|K)$ 为给定经验知识 K 下的实际界面位置值 $Z(\boldsymbol{u}) = z$ 的可能性。

在不考虑数据误差的情况下，对于每个位置 $\boldsymbol{u}$，由样本数据 D 和经验知识 K 可知，先验概率密度 $f(Z=z|D)$ 和后验概率密度 $f(Z=z|D,K)$ 的计算公式为

$$f(Z = z \mid D) = \frac{1}{\sqrt{2\pi}\sigma_k(\boldsymbol{u})} e^{-\frac{[z - z_k(\boldsymbol{u})]^2}{2\sigma_k^2(\boldsymbol{u})}} \quad (7-6)$$

$$f(Z = z \mid D, K) = \frac{1}{\sqrt{2\pi}\sigma_k(\boldsymbol{u})} e^{-\frac{[z - z_m(\boldsymbol{u})]^2}{2\sigma_k^2(\boldsymbol{u})}} \quad (7-7)$$

更新之后，$Z(\boldsymbol{u})$ 的期望从克里格预测值 $z_k(\boldsymbol{u})$ 变为模型取值 $z_m(\boldsymbol{u})$。由式(7-5)可得似然函数为

$$L(Z = z \mid K) = \alpha \cdot \frac{f(Z = z \mid D, K)}{f(Z = z \mid D)} \quad (7-8)$$

式中：α 为常数，表示概率归一化的尺度因子。

为了评估测量误差引起的不确定性，通过估计每个样本的误差分布，将不准确的样本数据转换为软数据。假设误差评估后的软数据集为 D_e，考虑到测量误差，后验概率密度

$f(Z=z|D_e,K)$ 可通过贝叶斯更新得到

$$f(Z=z|D_e,K) \propto f(Z=z|D_e) \cdot L(Z=z|K) \qquad (7-9)$$

根据式(7-8)可得

$$f(Z=z|D_e,K) \propto f(Z=z|D_e) \cdot \frac{f(Z=z|D,K)}{f(Z=z|D)} \qquad (7-10)$$

如上所述，可以用地质统计学方法计算概率分布 $f(Z|D)$ 和 $f(Z|D_e)$。我们分别使用克里格方法（忽略数据误差）和贝叶斯最大熵（考虑数据误差）方法来计算 $f(Z|D)$ 和 $f(Z|D_e)$，采用 Tacher 提出的方法，选取模型值 $z_m(\boldsymbol{u})$ 和克里格方差 $\sigma_k^2(\boldsymbol{u})$ 组成高斯分布 $f(Z|D_e,K)$。经过式（7-10）的计算后，需要对概率进行归一化处理，以保证概率密度 $f(Z|D_e,K)$ 的积分等于1。

7.5 三维地层属性不确定性

后验分布 $f(Z|D_e,K)$ 只能描述一个地层面的空间不确定性。然而，不同界面的出现在某些位置是相互排斥的，在计算当前地层的不确定度时应考虑其他地层的影响。我们利用地层属性的条件概率来评估某一特定位置存在的地层在其他地层影响下的不确定性。首先通过地层面高程 $Z(\boldsymbol{u})$ 的累积分布函数计算各地层属性在不同深度的出现概率，得到各个地层属性对应的三维概率场模型。

场模型被广泛应用于三维地质建模中。场模型通过对每个体素赋予属性来描述空间实体。场模型认为空间数据可以用定义在连续空间上的若干单值函数来表示（如地层属性、矿石品位、油气藏分布等），场的空间分布可以描述许多地质现象的空间差异。场模型可以通过地层类型变量在空间各处出现的概率描述地质结构不确定性的空间分布（Leung et al.，1993）。地层属性变量的概率指某一位置上存在某种地层的概率，n 个地层属性概率场需要借助 n 个属性体模型来存储。对于有着明确定义的地质实体，可以用场模型统一地质结构的空间位置不确定性与属性不确定性，把对地质结构的不确定性研究转化为地层属性的不确定性问题，利用概率、信息熵等指标对各个位置上的地质结构进行不确定性分析。

我们根据地层接触关系，采用迭代的方法（Pomian，2001）计算地层属性概率场。下面简要介绍地层属性概率场计算方法。此处，地层的接触关系被分为沉积和侵蚀两类，通过层序关系将沉积面和侵蚀面组织在一起，就可以构建出跟实际相符的地质结构。

首先，对每个地层属性出现的概率进行定义。假设研究区域共有 n 个地层，在任意位置 $X=(u,v,z)$ 处，第 $i(i=1,\cdots,n)$ 个（地层编号 i 自下而上逐层增加）地层 L_i 出现的概率是 $P(L_i;X)$。$f_i(z)$ 是地层 L_i 和地层 L_{i+1} 间界面高程的概率密度函数，则对应 $X=(u,v,z)$ 位置处的地层属性概率 $P(L_i)$ 可以用 (u,v) 位置上的地层面高程累积概率密度 $F_i(z)$ 表示，即 $f_i(z)$ 的积分表达式为

$$P(L_i) = F_i(z) = \int_{L_i} f_i(z)\mathrm{d}z \qquad (7-11)$$

针对沉积地层,地层属性概率场的计算采用自下向上的顺序进行地层概率的迭代更新。先计算底部地层,然后按照沉积顺序叠加新地层,依次迭代更新,最终得到全部地层的概率场分布。由于地层属性是互斥的,计算当前地层的属性概率时要考虑对前一个相邻地层的影响。沉积地层的迭代处理方法为

$$\begin{cases} P_N(L_i) = P_{N-1}(L_i) & i = 1, 2, \cdots, N-2 \\ P_N(L_{N-1}) = P_{N-1}(L_{N-1})[1 - P(L_N)] \\ P_N(L_N) = P(L_N) - \sum_{j=1}^{N-2} P(L_N) \cdot P_{N-1}(L_j) \end{cases} \qquad (7-12)$$

式中:L_i 为自下而上的第 i 个地层;$P_N(L_i)$ 为第 N 次迭代时,地层 L_i 的概率;$P(L_N)$ 为不考虑其他地层影响时,地层 L_N 的概率。

在层序上,断层和不整合面都表现为不连续,可以将两者当作侵蚀面进行处理。由于侵蚀不属于沉积过程,因此需要单独处理。当地层 L_i 和地层 L_{i+1} 的分界面是侵蚀面时,概率场更新的计算式为

$$\begin{cases} P_N(L_i) = P_{N-1}(L_i)[1 - P(L_N)], i = 1, 2, \cdots, N-1 \\ P_N(L_N) = P(L_N) \end{cases} \qquad (7-13)$$

利用该方法,可以得到各 $X=(u,v,z)$ 位置的多层地层属性概率场 $P(L_i;X)$。

7.6 地质体三维模型综合不确定性

为了指导地质模型的进一步调整,需要了解模型不确定性的空间分布。三维地层属性概率场 $P(L_i;X)$ 可以量化各地层属性的空间不确定性。然而,有时不仅需要分析每个地层的不确定性,还需要揭示模型整体结构的不确定性分布。参考 Wellmann 等(2010)的研究,笔者采用信息熵作为地质模型结构综合不确定性的测度。为此,需要将各地层的属性概率场转化成表征综合不确定性的信息熵场。利用多地层属性概率场 $P(L_i;X)$ 可以计算地层属性信息的熵值。在任意位置 $X=(x,y,z)$,n 个地层的信息熵 $H(X)$ 可以定义为

$$H(X) = -\sum_{i=1}^{n} P(L_i;X) \log_b P(L_i;X) \qquad (7-14)$$

需要注意的是,在概率密度函数 $f(Z|D)$、$f(Z|D_e)$、$f(Z|D,K)$ 和 $f(Z=z|D_e,K)$ 中,只有 $f(Z|D,K)$ 和 $f(Z=z|D_e,K)$ 隐含已有模型的信息。$f(Z|D)$ 和 $f(Z|D_e)$ 不宜用于计算地质模型概率场中 $z(\boldsymbol{u})$ 的分布,否则得到的不确定性场仅表示地质构造的不确定性,与已建立的模型无关。

7.7 地质体三维结构模型不确定性综合评价实例

7.7.1 研究区域

本书以某地地质体三维结构模型为研究对象,该坡面地层主要属于三叠系巴东组(T_2b),地层总体呈东西向展布,向北倾斜,坡面形态整体呈陡缓相间的折线形,坡面上部临江处陡峭而中部平缓。一些较缓的次生褶皱的发育导致地层在某些位置发生倾斜。沿走向自东向西,褶皱周围存在一系列轴向面解理。

该地质构造为滑坡体,面积为 $1.35 km^2$,体积为 $6.9 \times 10^7 m^3$。滑坡上的地层主要属于三叠系巴东组(T_2b):崩滑体由中三叠统巴东组二段(T_2b^2)和三段(T_2b^3)的滑动地层发育而成,主要由泥岩、泥质粉砂岩和泥灰岩构成,表现为软岩与硬岩的交替,从下到上依次为软岩(T_2b^2)、硬岩(T_2b^{3-1})、软岩(T_2b^{3-2})。滑坡区下伏基岩表面呈波浪形,滑体的岩石结构呈破碎状,地质图如图7-5所示。

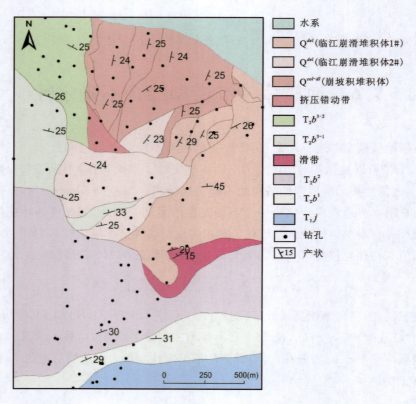

图7-5 评价区域地质图

该处易滑地层对黄土坡的居民和城镇构成滑坡威胁,为了辅助地质灾害分析,研究人员利用自动建模软件建立了该地边坡地质体三维结构模型并进行了编辑修改。由于模型的不确定性可能会限制后续分析应用的准确性,因此有必要分析不确定性因素对模型的影响。模型主要利用95个钻孔、6个剖面,共22个地层的接触信息和详细的地质图作为建模数据,建模人员在建模过程中忽略了数据误差,对于缺少钻孔的区域,建模人员根据专家经验补充了少量虚拟钻孔。两个主要构造方向的地质剖面图如图7-6所示。评价区域的尺寸为1530m×2265m×702m,地质体三维模型如图7-7所示。由于建模过程中使用的参数设置细节是未被提供的,我们采用有限的观测数据和已建好的模型进行不确定性分析。

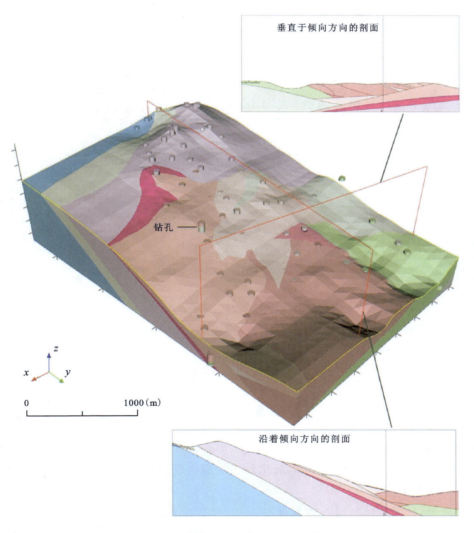

图7-6 评价区域两个主要构造方向的地质剖面图

图 7-7 评价区域地质体三维模型

7.7.2 地层面空间位置概率分布

我们根据评价区域的主要构造方向,建立(u,v,z)坐标系,将评价区域按照三个坐标轴的方向,以分辨率 15m×15m×1m 离散化为三维栅格场,分析地质结构在三维栅格场中每个位置上的不确定性。

本实验中,待评价模型包含数据误差、空间变异性和建模人员的认知偏差三类不确定性。首先,对建模数据进行分析评估,估计钻孔和剖面数据的测量误差。将一些测量误差较小的接触数据作为硬数据处理,将另一些数据作为软数据转换成概率分布。由于本实验中涉及的大部分测量误差都属于随机误差,因此接触点的高度位置可以转化为带有不确定性的概率分布。例如,根据钻孔质量标准(钻孔的测量误差不能超过孔深的1‰),可将一些钻孔上的接触点转化为测量估值和测量误差描述的高斯分布。还有一部分接触点信息采用了从方向数据和剖面推断出的复合分布。对接触数据进行统计,计算各地层面高度值的实验协方差模型,并结合专家经验,拟合理论协方差模型,表达地层面高程变量的空间变异性。由于建模人员基于专家经验对软件自动建模的参数和结果进行了编辑调整,因此还需要对建模人员的认知偏差进行分析。

利用样本数据计算地层面高程的实验协方差函数,对实验协方差函数拟合理论模型,确定协方差模型的参数。使用样本(软数据和硬数据)及其协方差函数,利用贝叶斯最大熵方法计算每个(u,v)位置的地层面高程概率密度函数。在考虑数据误差的情况下,地层面高程的分布变成了非高斯分布。利用已有模型和克里格估计结果,对贝叶斯最大熵概率密度函数进行更新。最后计算各地层面高程的后验概率密度函数。后验概率密度函数表达的综合不确定性整合了数据误差、建模方法的不确定性和认知不确定性。

以地层 T_2b^2 与地层 T_2b^1 之间的地层面(图 7-1)为例加以说明。地层面高程 $Z(u)$ 是各向异性的,在 u 和 v 两个方向的协方差函数不同。笔者计算了两个方向的实验协方差函数和拟合球面模型,如图 7-8 所示。由于在 u 和 v 方向上基台值相等,我们建立了一个各向异性套合协方差函数。套合结构模型为

$$\begin{cases} C(0) = C_0 + C_1, & h = 0 \\ C(h) = C_1 \cdot \left(1 - \frac{3}{2} \cdot \frac{h}{a_u} + \frac{1}{2} \cdot \frac{h^3}{a_u^3}\right) & 0 < h \leqslant a_u \\ C(h) = 0 & h > a_u \end{cases} \quad (7-15)$$

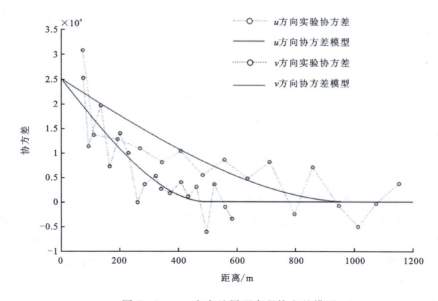

图 7-8 u、v 方向地层面高程协方差模型

在套合的球状模型中，两个方向的变程分别为 $a_u=1000\text{m}$ 和 $a_v=500\text{m}$，各向同性的距离 $h=\sqrt{h_u^2+(K\cdot h_v)^2}$，各向异性距离比 $K=\dfrac{a_u}{a_v}$，基台值 $C(0)$ 是块金效应 $C_0=0.25$ 和拱高 $C_1=25\,000$ 的和。该协方差模型反映了地层 T_2b^2 和地层 T_2b^1 的界面高度值 $Z(\boldsymbol{u})$ 的结构性特征和随机性特征。

以研究区中位置 $\boldsymbol{u}=(u_0,v_0)$ 为例，展示地层 T_2b^2 与地层 T_2b^1 界面的不确定性更新（图 7-9）。在位置 $\boldsymbol{u}=(u_0,v_0)$ 上，地层面模型的高程为 $z_m=561.20\text{m}$，该地层面的克里格预测值 $z_k=574.70\text{m}$，克里格预测方差为 $\sigma_k^2=210.3$。图 7-9 中红色实体曲线为克里格预测的概率分布 $f(Z|D)$，表示地质变量 $Z(\boldsymbol{u})$ 的空间变异性。图中红线是克里格估计值 z_k，绿色竖线表示地层面模型 M 的高程 z_m。绿色实体曲线是模型 M 的随机不确定性 $f(Z|D,K)$。蓝色虚线是整合数据误差和建模方法的不确定性的贝叶斯最大熵预测概率密度 $f(Z|D_e)$。$f(Z|D_e)$ 为非高斯分布。红色虚线是综合了数据误差、建模方法的不确定性和建模者认知偏差的综合不确定性 $f(Z|D_e,K)$。从变量的方差视角上看，条件方差 $\text{Var}(Z|D)=\sigma_k^2=210.3$、$\text{Var}(Z|D_e)=242.5$ 和 $\text{Var}(Z|D_e,K)=446.8$ 反映了地层面的不确定性随不确定性因素的增多而增加。

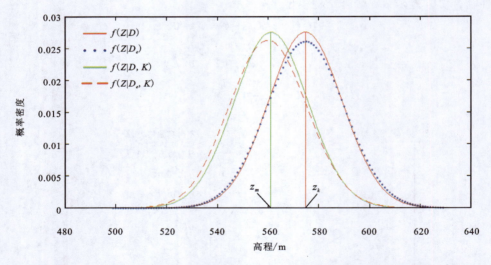

图 7-9 不确定性整合过程中地层面高程 $Z(\boldsymbol{u})$ 在不同条件下的概率密度

地层 T_2b^2 和地层 T_2b^1 的界面在空间中各位置的概率分布如图 7-10 所示。每个位置的概率密度表示界面在该栅格单元内出现的概率。可以观察到，在 $f(Z|D)$ 阶段，在采样位置附近出现高概率。在未采样位置上，界面出现的高概率区域集中在克里格预测值的附近。在 $f(Z|D_e)$ 阶段中，考虑数据误差的影响，界面在采样区域的出现概率减小，界面的置信区间宽度增大。此外，在远离采样区域的地方，界面出现概率略有增加。在 $f(Z|D_e,K)$ 阶段中，概率密度被压缩在已有的地层面模型周围。相反，在模型覆盖范围之外，界面出现概率迅速下降。各阶段地层面的概率分布变化如图 7-11 所示。

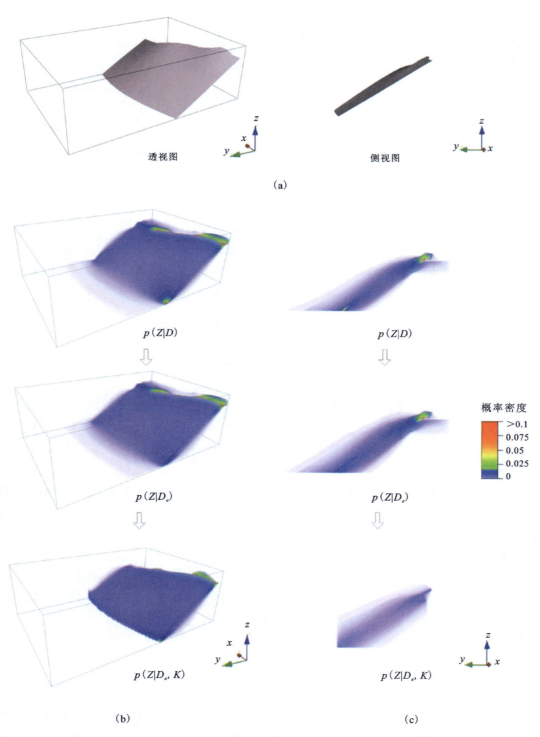

图 7-10 在不确定性整合的不同阶段地层 T_2b^2 和地层 T_2b^1 的界面空间分布
(a)界面模型;(b)$Z(\boldsymbol{u})$ 概率密度分布立体图;(c)$Z(\boldsymbol{u})$ 概率密度分布侧面图。

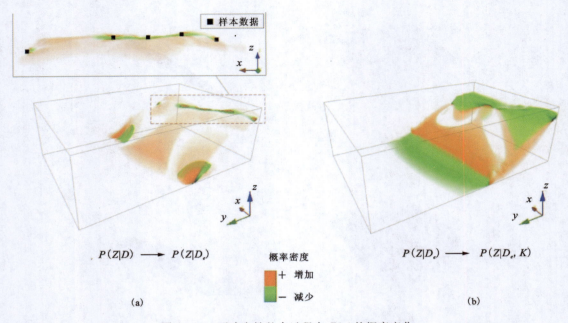

图 7-11 不确定性整合过程中 $Z(u)$ 的概率变化

(a)整合数据误差和建模方法的不确定性后,$Z(u)$ 的概率变化;(b)考虑认知偏差后,$Z(u)$ 的概率变化。

7.7.3 三维地质属性概率场

类似地,对每个地层面分别计算其后验分布 $f(Z|D_e,K)$,利用式(7-12)和式(7-13)计算每个地层属性在任意位置出现的概率。本实验区域共有 22 个地层,多个地层间存在不整合现象,地层关系被划分为沉积和侵蚀两种类型进行处理。按照地层关系,自下而上地对各地层属性概率进行迭代更新,得到整合了所有地层拓扑关系的条件概率场。该条件概率场中每个栅格都对应了 22 个不同地层属性的条件概率。

如图 7-12 所示,对于每一种地层属性,高概率主要发生在露头和地层内部。此外,从地层内部到相邻地层的边界,地层出现概率逐渐减小。考虑测量误差的影响,在钻孔位置上,地层的概率接近但不一定等于 0 或 1。在地质剖面附近,剖面的解释误差远大于钻孔的解释误差,因此,相比于钻孔区域,剖面附近的不确定性更大。

7.7.4 地质模型综合不确定性分析

根据各地层属性的条件概率计算信息熵,量化整个模型的结构不确定性。熵值表示模型在任意给定位置的不确定性。为了验证数据误差对不确定性评估的影响,我们还计算了仅考虑空间变异和认知偏差(无数据误差)情况下的模型不确定性。地质体三维模型及其综合不确定性空间分布如图 7-13 所示。

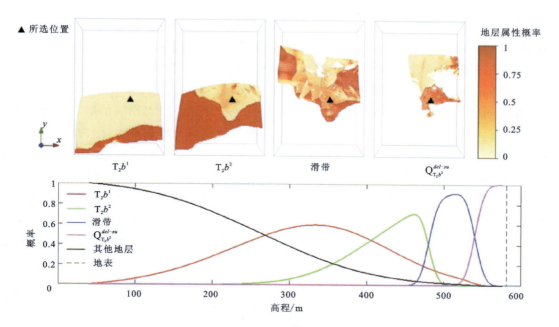

图 7-12　四种地层类型（T_2b^1、T_2b^2、滑带和 $Q_{T_2b^2}^{del-su}$）在同一个位置不同高程上的概率分布

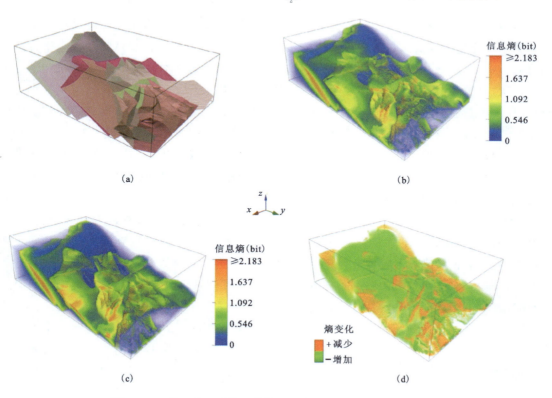

图 7-13　黄土坡地质体三维模型及其不确定性场（熵单位：bit）
(a)黄土坡地质体三维模型；(b)考虑建模方法的不确定性和认知偏差的不确定性场；(c)考虑数据误差、建模方法的不确定性和认知偏差的综合不确定性场；(d)数据误差对模型不确定性的影响。

在综合不确定性场中,高熵值主要出现在可能存在多个地层的区域。低熵值主要发生在采样区域附近或只有单一地层的区域。采样得到的样本信息减小了空间变异的不确定性。对于低熵值通常发生在单一地层位置的现象也很容易理解,因为该位置几乎没有其他地层出现的可能性。在整个研究区中,最大熵值约为2.359bit,出现在六个不同地层的聚集区。在不同地层面中间的区域,如果地层厚度较小,则在该区域可能出现的地层类型较多。不同地层面中间区域的熵值范围为1~1.58bit。低熵值通常出现在地表,因为地表的数据更容易采集,样本数据更多。近地表的高熵区大多集中在地层边界附近。其他一些高熵区是缺乏采样或建模人员在建模软件中依赖经验推断设定带有不确定性的建模参数而造成的。作为对比,图7-13(b)给出了不考虑数据误差时的不确定场。在图7-13(d)中,可以清楚地看到数据误差对模型不确定性估计的影响:在地层面模型附近熵值增加,在远离地层面模型的地方熵值降低。数据的测量误差影响了地质结构不确定性的分布。随着数据误差的影响,地层面模型的不确定性增加了。

7.8 讨论与小结

在地质变量预测中,贝叶斯最大熵值计算的概率分布比克里格计算的结果更可信。然而,为了估计建模者认知的更新函数,笔者提出的不确定性分析方法仍然需要克里格方差的帮助。从实验结果(图7-8)可以看出,模型在采样位置上与样本保持一致,具有确定性。距离采样位置越远,克里格预测方差越大,说明空间变异性越大,地层面出现的概率越小。经贝叶斯最大熵值方法整合数据误差后,采样位置处的不确定性增加,地层面在采样位置附近出现的概率减小,在远离采样位置出现的概率增大[图7-11(a)]。考虑建模者的认知偏差,地层面出现概率在地层面模型的覆盖区域内增大,在该区域外减小[图7-11(b)]。在模型与贝叶斯最大熵值预测接近的区域,概率分布几乎没有差异。实验结果与多源不确定性在建模过程中传播与累积的预期一致。

不确定性分析本质上是一种基于模型的空间分析。这种空间分析过程可能会引入、传播,甚至放大原模型的不确定性。通常,建模人员和模型的不确定性分析人员不是同一个人。在对已有模型进行不确定性分析时,很难获得和再现建模人员使用的原始参数设置和交互式修改。当分析过程中采用不同的方法和参数时,不确定性评价与建模理论之间必然会出现偏差。不同的不确定性分析方法会导致相同模型的评估结果不同。方法的选择取决于分析者的主观认知和经验知识。因此,已有模型包含建模者的认知偏差,对已有模型的不确定性评估不仅受到数据误差和建模方法的不确定性的影响,还受到建模者和分析者认知不确定性的影响。无论是在建模中还是在不确定性分析中,人的主观认知的影响都是不可避免的。

我们假设已有模型是满足数学或经验准则中的最佳猜测,在模型不确定性的整合中,认知偏差的似然函数不受测量误差的影响。然而,在一些允许数据误差的随机建模方法中

(Wellmann et al.,2010),使用不变的似然函数并不一定准确。此外,如果在建模者的认知中存在错误的概念或不准确的知识,则模型作为地质结构最佳猜测的假设可能不再合理。

本章提出了一种评估地质体三维模型受数据误差、空间变异和建模者认知偏差影响的综合不确定性的方法。该方法首先基于贝叶斯推断,利用已建立的地质模型和克里格方法构建建模者经验知识的似然函数;然后,利用贝叶斯最大熵方法,将数据误差和建模方法的不确定性整合到地层面的概率分布中,并用似然函数进行更新;接着,根据地层的接触关系,利用各地层面的概率分布计算地质构造模型的综合不确定性;最后,使用信息熵模型来描述考虑所有不确定性因素之后,地质模型结构综合不确定性的空间分布及其大小。利用该方法,笔者对某实验地区地质体三维结构模型的综合不确定性进行了分析,并对地质模型不确定性在整合过程中的变化以及空间分布进行了可视化。实验表明,该方法可以考虑数据误差、建模方法的不确定性和建模者的认知偏差对模型质量的综合影响,全面评估地质模型的综合不确定性。

参考文献

李青元,张洛宜,曹代勇,等,2016. 三维地质建模的用途、现状、问题、趋势与建议[J]. 地质与勘探,52(4):759-767.

ARIELY D,2008. Predictably irrational:the hidden forces that shape our decisions[M]. New York:Harper Collins Publishers.

BORDWELL P,2002. Spatial prediction of categorical variables:the Bayesian maximum entropy approach[J]. Stochastic Environmental Research & Risk Assessment,16(6):425-448.

CAERS J,2011. Modeling uncertainty:concepts and philosophies[M]. Hoboken:John Wiley & Sons Inc.

CHRISTAKOS G,LI X,1998. Bayesian maximum entropy analysis and mapping:a farewell to kriging estimators?[J]. Mathematical Geology,30(4):435-462.

CHRISTAKOS G,2017. Uncertainty,modeling with spatial and temporal[M]. Switzerland:Springer,Cham.

DE LA VARGA M,SCHAAF A,WELLMANN J F,2019. GemPy 1.0:open-source stochastic geological modeling and inversion[J]. Geoscientific Model Development,12(1):1-32.

DOWD P,2018. Quantifying the impacts of uncertainty[M]. Switzerland:Springer,Cham.

GUNNING J,GLINSKY M,2004. Delivery:an open-source model-based Bayesian seismic inversion program[J]. Computers & Geosciences,30(6):619-636.

HASELTON M G,NETTLE D,ANDREWS P W,2005. The evolution of cognitive bias[M]. Hoboken:John Wiley & Sons Inc.

LEUNG Y,GOODCHILD F M,LIN C C,1993. Visualization of fuzzy scenes and probability fields[J]. Computing Science and Statistics(24):416-422.

MANN C J,1993. Uncertainty in geology[M]. Oxford:Oxford University Press.

POMIAN S I,2001. Calculation of geological uncertainties associated with 3-D geological models[D]. Lausanne:Ecole Polytechnique Fédérale de Lausanne.

TACHER L,POMIAN S I,PARRIAUX A,2006. Geological uncertainties associated with 3-D subsurface models[J]. Computers & Geosciences,32(2):212-221.

WELLMANN J F,HOROWITZ F G,SCHILL E,et al. ,2010. Towards incorporating uncertainty of structural data in 3D geological inversion[J]. Tectonophysics,490(3-4):141-151.

8 多地层结构联合不确定性建模

目前对地质模型不确定性的研究工作,多着眼于分析空间中各处的地质结构不确定度的大小,局限于地质结构的单点不确定性分析。然而在一些地质应用中,有些需要分析的对象是地质结构未知的一片区域,可能跨越多个位置。例如,地铁规划会涉及线路周边的多个区域,每个区域又包含多个地层,针对各种可能会遇到的地质情况需要预先进行充分的评估和分析。在开挖和施工前,我们需要对地铁途经的各区域涉及的地层的空间结构和几何形态有预先的了解和合理的估计,不同的规划方案和地质的复杂性造成了应用场景的高不确定性。此外,在地下工程开挖前,需要了解涉及相关区域的整体地质结构;在钻前预测中,需要分析预测钻孔可能途经的多层地质结构;煤矿的地下采掘需要考虑煤层分布的几何形态。这些应用场景都需要对涉及多位置、多地层的空间结构不确定性进行整体分析。

本章针对目前单点地质结构不确定性分析的局限性,发展一种可以估计多个地层在多个位置上的联合不确定性的多地层结构不确定性分析方法。该方法基于藤Copula方法构建包含多位置、多地层的沉积地层相关结构模型,可以在已知样本约束或某些不确定区间约束的条件下,预测分析不同情况下多个地层的空间联合分布和不确定性。

8.1 基于接触点高程函数的多地层结构描述

为了分析涉及多位置、多地层的地质结构,首先要将复杂的地质结构用数学模型量化描述。位于地层面上的接触点坐标可以看作地层结构形态的一种粗略描述,接触点越多、越密集、分布越均匀,接触点坐标集合对地层结构形态的描述就越精细。在地质建模领域,我们通常利用钻孔等采样数据中包含的大量地层间的接触点信息,采用对接触点的插值拟合等方法构建地层面模型并以此描述地层的空间结构形态。本章借助第7章高程随机函数的概念,采用不同(x,y)位置的地层面接触点高程值集合描述地层局部结构形态。假设有处于同一地层面i上的不同(x,y)位置的n个接触点,其高程函数为$Z_i(x_1,y_1), Z_i(x_2,y_2), \cdots, Z_i(x_n,y_n)$,则函数集合$\{Z_i(x_1,y_1), Z_i(x_2,y_2), \cdots, Z_i(x_n,y_n)\}$即为该界面的接触点集的高程坐标描述。当该区域存在$m$个地层时,可以将每个地层面在不同$(x,y)$位置上的高程值组成集合$\{Z_1(x_1,y_1), \cdots, Z_1(x_n,y_n), Z_2(x_1,y_1), \cdots, Z_2(x_n,y_n), Z_m(x_1,y_1), \cdots, Z_m(x_n,y_n)\}$来描述该区域的$m$个地层在$n$个位置上的几何结构(图8-1)。位置数量$n$越大,分布越均匀,对该区域的描述越准确。需要指出,该表示法仅限于沉积地层场景,针对利用高程函数$Z(x,y)$表示地层面的局限性(如倒转地层、透镜体、逆断层的地层面在同一(x,y)位置会出现多个z值的复杂情况),可以对多z值地层面分块,满足每块区域的界面高程函数只对应一个z的要求。例如,对于含有断层的区域,需要根据断层面将两侧划分成两个独立区域,对两侧的地层面分开考虑。

考虑到地质变量的随机性和接触点的采样误差,地层面的结构形态可能是不确定的,但是地层面高程值的可变区间是有限的。因此,我们利用不确定的地层面接触点高程区间集合$\{a_1 \leqslant Z_1 \leqslant b_1, a_2 \leqslant Z_2 \leqslant b_2, \cdots, a_n \leqslant Z_n \leqslant b_n\}$描述不确定的地层结构形态。

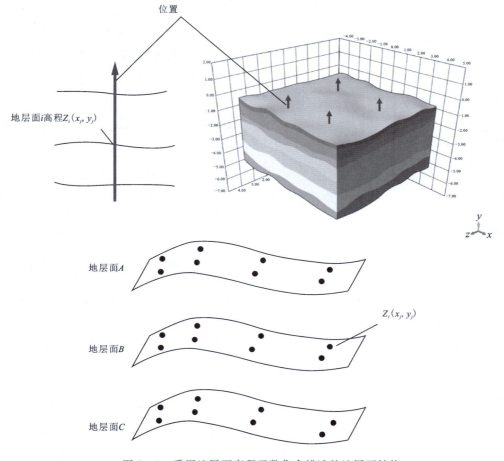

图 8-1 采用地层面高程函数集合描述的地层面结构

8.2 地层面相关结构分析

我们利用多个地层面上接触点的位置和地层面类型描述包含多个地层的地质结构,将多地层结构形态的预测与不确定性分析转化为多个位置上、多个地层接触点的高程变量的联合预测与分析问题。这些变量之间有的可能相互独立,有的可能具有相关性。独立变量的联合分布模型很容易构建,但是具有相关性的地质变量会相互影响,而且变量间的相互作用往往会随着一些因素的变化而变化。例如,变量的空间自相关性会随着距离的增大而降低,变量间的相关性大小可能会随变量取值变化。在本书中,我们采用多变量的相关结构指代多个变量之间的相关性及其变化特征,多变量的相关结构分析是多地层结构形态预测与不确定性分析的关键。因此,有必要对地质变量的相关结构进行深入的研究。我们借助地层面高程随机函数对地层变量的相关结构进行分析,计算多地层结构形态的联合分布函数。

地层接触关系按照地层在时间上是否为连续沉积,一般可以分为整合和不整合两类。对于整合接触的多地层场景,时间上沉积的连续性是保证地层结构具有空间相关性的前提。对于不整合接触,上下两层地层有明显的沉积间断或沉积后剥蚀,地层沉积的时间不连续性可能导致相邻地层间的相关结构被破坏。本章讨论的相邻地层相关结构分析主要针对整合接触的沉积多地层场景。

8.2.1 相关性度量

为了构建多变量的联合概率分布模型,首先要研究变量间相关性的大小和相关结构。常用的相关性度量指标包括皮尔逊(Pearson)线性相关系数、尾部相关系数、肯德尔(Kendall)秩相关系数、斯皮尔曼(Spearman)秩相关系数等。随机变量 X、Y 间的皮尔逊线性相关系数表达式为

$$\rho = \frac{\text{cov}(X,Y)}{\sqrt{\sigma(X)} \cdot \sqrt{\sigma(Y)}} \tag{8-1}$$

式中:$\text{cov}(X,Y)$ 为两个变量的协方差;$\sigma(X)$、$\sigma(Y)$ 为变量的方差;皮尔逊线性相关系数只能描述变量间的线性相关性,对非线性相关性无能为力。

尾部相关系数分为上尾相关系数 λ_U 和下尾相关系数 λ_L,其计算式分别为

$$\begin{aligned} \lambda_U &= \lim_{a \to 1^-} P[X > F_X^{-1}(a) \mid Y > F_Y^{-1}(a)] \\ \lambda_L &= \lim_{a \to 0^+} P[X \leqslant F_X^{-1}(a) \mid Y \leqslant F_Y^{-1}(a)] \end{aligned} \tag{8-2}$$

式中:$F_X^{-1}(a)$ 和 $F_Y^{-1}(a)$ 分别为变量 X 和 Y 边际分布函数的逆函数;a 为变量 X 和 Y 边际累积分布函数值;P 为事件发生的概率。尾部相关系数描述变量取值空间的尾部相关性,常用于研究数据上下尾极端情况的相关特性,在经济学和水文领域有较多应用。

由于地质变量间的相关性可能是非线性的,基于皮尔逊线性相关系数和协方差的空间统计建模方法对非线性相关的问题难以给出令人满意的答案。为了克服协方差和线性相关系数的局限性,笔者采用秩相关系数描述可能存在非线性相关的变量关系。肯德尔相关系数 τ 是使用较多的秩相关系数。

肯德尔秩相关系数 τ 是衡量变量间变化一致性程度的指标,令 (x_1,y_1) 和 (x_2,y_2) 是随机变量 (X,Y) 的两组观测值,如果 $x_1<x_2$ 且 $y_1<y_2$,或 $x_1>x_2$ 且 $y_1>y_2$,即 $(x_1-x_2) \cdot (y_1-y_2)>0$,则称 (x_1,y_1) 和 (x_2,y_2) 是一致的;若 $x_1<x_2$ 且 $y_1>y_2$,或 $x_1>x_2$ 且 $y_1<y_2$,即 $(x_1-x_2) \cdot (y_1-y_2)<0$,则称 (x_1,y_1) 和 (x_2,y_2) 是不一致的。τ 定义为变量 X 和 Y 变化一致性的概率和不一致性的概率之差,即

$$\tau = P[(x_1-x_2) \cdot (y_1-y_2)>0] - P[(x_1-x_2) \cdot (y_1-y_2)<0] \tag{8-3}$$

肯德尔秩相关系数 τ 是通过对变量观测值排序,利用变量观测值的秩计算变量间等级相关程度的相关系数。因为变量的秩只与数据的排列顺序有关,与实际观测值无关,所以在

非线性相关和线性单调变换的情况下仍能有效地度量相关性。

8.2.2 地层面的自相关与互相关

在地质领域,地层作为一类地质实体,其空间分布也存在自相关和互相关的现象(图 8-2)。美籍瑞士裔地理学家 Waldo R. Tobler 于 1970 年提出地理学第一定律(Tobler's First Law):"Everything is related to everything else, but near things are more related to each other"。即地理事物或属性在空间分布上互为相关:距离越近,相关性越大;距离越远,相异性越大。

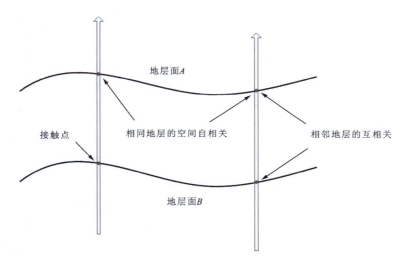

图 8-2 沉积地层内部的相关性

针对整合的沉积地层而言,地层的自相关和互相关特性主要源于地层的沉积过程。丹麦地质学家 Nicolaus Steno 于 1669 年在《关于固体自然包裹于另一固体问题的初步探讨》一书中提出著名的地层层序律(Law of Superposition):①层序叠加律,在正常的岩层层序中,先形成的地层在下,后形成的地层在上;②原始连续律,未经变动的地层在横向上连续延伸并逐渐尖灭;③原始水平律,地层未经变动时呈水平状。根据叠加原理,地层间的界面高程函数 $z_i(x_j, y_j)$ 具有时空意义:相同的地层界面处于同一个时期 i,在不同位置 (x_j, y_j) 间存在空间自相关现象;受沉积地层的形成机制影响,新地层与老地层之间往往呈现出相似的空间形态特征,相邻的地层界面形成于相近的时期,在同一位置 (x_j, y_j) 附近,不同时期 i 的地层面形态存在相似性。基于此原理,在钻孔数据较少的情况下,可以借助叠加原理,通过这种新老地层间的相似性添加地质知识,提高地质制图的准确性。

由地层层序律可知,地层的空间自相关主要源于地层的连续性。沉积地层在空间分布上具有连续性,服从原始连续律和原始水平律,但是地质过程中的随机因素导致局部变异,地层的自相关在结构性的基础上表现出一定的随机性。地层的互相关是新老地层在形成过程中的叠加规则的体现。地层划分规则使不同地层的属性成为互斥事件。对于一块指定区域,每个地层出现的概率 $P(X)$ 满足 $0 \leqslant P(X) \leqslant 1$,所有地层的概率和等于 1,即 $\sum P(X) = 1$。

在不考虑断层的情况下,每一个地层面是一个连续的空间曲面。这些空间曲面看似相互独立,但是在纵向上其高程值呈现相关特征。以上海地区沉积地层的实际钻孔接触数据为例,将三个第四系地层面(Qh_3, Qh_2, Qh_1)上的接触点高程按坐标轴 x 方向排列得到地层面的高程变化,如图 8-3 所示。从地层面高程折线图可以看出,相邻地层面的高程值变化趋势具有一定的相似性,这种相似性正是源于地层的互相关。

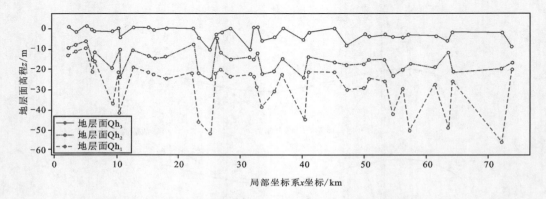

图 8-3 根据钻孔样本得到的 x 方向地层面高程剖面图

对于地层的自相关,我们可以通过地质统计学方法进行统计,并在平稳假设、内蕴假设等条件下对地层结构进行基于自相关规律的预测计算。传统地质统计学方法多利用变量的空间自相关进行插值,对地层间的互相关考虑较少,但是相邻地层之间的信息可以通过互相关进行传递,互相关对地质变量预测和不确定性分析的影响不容忽视。

我们利用基于秩相关系数的空间统计方法(Journel and Deutsch,1997)对某区域沉积地层各地层面高程函数在不同距离下的肯德尔秩相关系数 τ 进行了计算,地层面的高程值在空间分布上的互相关如图 8-4 所示。

统计数据表明,沉积地层中的相邻地层面高程存在明显的互相关,随着空间横向(与地层延伸方向平行)距离增大,相关性迅速下降,间隔超过一层的地层间无明显相关性,可以认为非相邻地层间条件独立。

8.2.3 相关性对不确定性的影响

地层结构的相关性会通过同一地层内的空间自相关和地层间的互相关两方面对信息的传递造成影响。从信息论的角度看,当前事件的不确定性源于尚未获取的信息,由于相关性的存在,信源发出的自信息中包含了与之相关变量间的互信息(图 8-5)。自信息即为信息本体,表示一个事件发生的信息量,从不确定性的角度也可以看作一个变量结果未知时的不

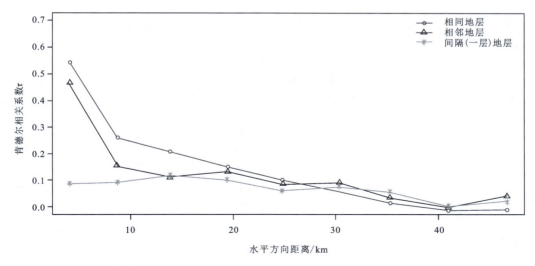

图 8-4 随水平距离变化的地层互相关强度

确定性。互信息可以看作一个随机变量中包含的关于另一个随机变量的信息量,或者说是一个随机变量由于已知另一个随机变量而减少的不确定性。以图8-6中三个存在相关性的变量 x、y、z 为例,展示三个变量间的相关性对变量不确定性的影响。图中自信息即信息熵,以 $H(\cdot)$ 表示,互信息以 $I(\cdot)$ 表示,$H(\cdot|\cdot)$ 为条件熵,表示自信息中除去互信息之后剩余的信息量。

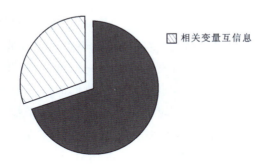

图 8-5 变量自信息的构成

由区域化变量理论可知,地质变量在区域上体现出结构性和随机性两类特征。空间自相关对不确定性的影响主要来源于变量自身空间结构性特征和变异随机性的综合作用,不确定性的根源是变量的随机性,同时结构性的趋势或漂移可以改变不确定性的分布和范围。在互相关方面,不同的变量的结构特征甚至随机特征之间都有可能存在相关性,不考虑变量间的互相关,就会忽略互信息对不确定性的影响,降低不确定性估计的准确性。

现有地质模型不确定性研究中,对空间中单个位置的不确定性产生机制以及估算研究比较多,但是对模型中不同位置不确定性的空间联系以及相关性对不确定性估计的影响缺

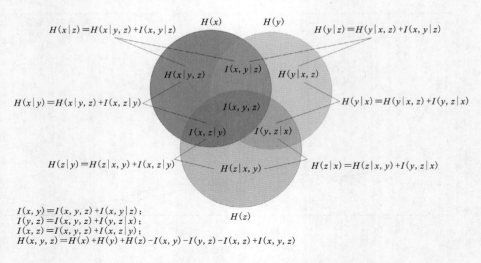

图 8-6 三个存在相关性的变量信息构成

乏足够的认识，因此我们需要对此展开研究。研究变量的相关性有助于我们理解变量间的相互作用，从而降低不确定性，提高模型预测的精确度。

8.3 基于 Copula 的多维相关建模理论

为了分析涉及多位置、多地层的地质结构联合不确定性，我们需要一种能够计算多个地质变量联合分布函数的工具，多变量相关结构建模是解决该问题的关键。很多基于多元高斯分布的联合建模方法在处理非正态分布的变量时，会面临不符合方法应用基本假设的问题，而在错综复杂的地质作用下，很难保证地质测量数据都符合高斯分布。Sklar 定理指出（1959），任何多元联合分布都可以用一元边际分布函数和一个描述变量之间相关关系的 Copula 函数来表示。因为 Copula 可以通过分别估计边际和 Copula 函数实现复杂多变量联合分布的建模，Copula 理论在高维相关建模方面的优势引起了人们的重视。Embrechts 等（1999）首先将 Copula 应用于金融风险管理。经过多年的研究与发展，Copula 理论在金融数据分析和相关结构建模领域快速发展。由于 Copula 可以处理极值状态下的相关性分析，因此在水文、电力和灾害风险评估领域，基于 Copula 方法的多变量联合分布建模得到了广泛的应用。但在这些领域中使用的 Copula 仍多是时序 Copula，早期的研究较少考虑空间相关结构方面的因素。1997 年，Journel 等（1997）首次提出基于秩相关系数的地统计学。此后，Bárdossy（2006）在此基础上提出了基于 Copula 的空间统计与预测方法。此后，Bárdossy 和 Li（2008）将基于 Copula 的空间统计方法用于地下水质的空间插值和观测网络设计（Li，2010）。Kazianka 和 Pilz（2010）探索了在协变量辅助下，针对连续和离散型空间数据的 Copula 空间插值方法。Aghakouchak 等（2010）将非高斯变换 Copula 用于降雨数据的空间插值。Gräler 和 Pebesma(2011)又结合 Pair-Copula 方法在空间 Copula 的基础上发展了时空 Copula。Bárdossy 和 Hörning(2017)研究了过程方向对结果空间场的影响,定义了一种新的基于 Copula 的不对称度量作为方向依赖性的指标,该度量可以识别产生空间场的过程作用的方向。Addo 等(2019)利用空间 Pair-Copula 方法来模拟具有非平稳随机过程的各向异性金品位。2002 年,张尧庭将 Copula 理论引入国内。近年来,国内对 Copula 的研究也在金融风险、灾害评估、岩土、水文、电力等多个领域取得了一定的进展,基于 Copula 的空间相关多元变量的建模研究也已展开(董立宽等,2018;杨炜明和李勇,2016;郭益敏和杨炜明,2017;杨炜明和郭益敏,2019;何树红等,2023)。

8.3.1 Copula 基本理论

Copula 函数是利用变量间变化的一致性,将一维边际分布连接起来表达多维分布的连接函数,可以理解为一些边际是[0,1]上的均匀分布的随机变量构成的联合累积分布函数。

n 维 Copula 函数满足如下性质:①$C: I^n = [0,1]^n \to [0,1] = I$;②对于任意 $u \in I^n$,若向量 $\boldsymbol{u}$ 中有任意 $u_i = 0$,则 $C(\boldsymbol{u}) = 0$;③对于任意 $u_i \in [0,1]$,$C(1,\cdots,1,u_i,1,\cdots,1) = u_i$;④$C(\boldsymbol{u})$ 为 n 维空间 $[0,1]^n$ 上的递增函数,且对任意的 $a = (a_1,\cdots,a_n) \in [0,1]^n$, $b = (b_1,\cdots,b_n) \in [0,1]^n$,若 $a_i \leqslant b_i, i=1,\cdots,n$,有 $C(\boldsymbol{b}) - C(\boldsymbol{a}) \geqslant 0$。

根据 Sklar 定理,令联合分布函数 $F(x_1,x_2,\cdots,x_n)$ 的边际分布函数为 $F_1(x_1), F_2(x_2),\cdots,F_n(x_n)$,则存在一个 Copula 函数 $C(u_1,u_2,\cdots,u_n)$,使得

$$F(x_1,x_2,\cdots,x_n) = C(F_1(x_1),F_2(x_2),\cdots,F_n(x_n)) \tag{8-4}$$

其中,$u_i = F_i(x_i)$。可以证明,对于连续的边际分布 $F_1(x_1), F_2(x_2),\cdots,F_n(x_n)$,Copula 函数 $C(u_1,u_2,\cdots,u_n)$ 是唯一存在的。

由 Sklar 定理可知,任意一个联合分布函数都可以表示其边际分布函数与连接函数的乘积,即

$$\begin{aligned} f(x_1,\cdots,x_n) &= \frac{\partial^n F(x_1,\cdots,x_n)}{\partial x_1 \cdots \partial x_n} = \frac{\partial^n C(F_1(x_1),\cdots,F_n(x_n))}{\partial x_1 \cdots \partial x_n} \\ &= \frac{\partial^n C(u_1,\cdots,u_n)}{\partial x_1 \cdots \partial x_n} \times \prod_{i=1}^{n} \frac{\partial u_i}{\partial x_i} \\ &= c(u_1,\cdots,u_n) \times \prod_{i=1}^{n} f_i(x_i) \end{aligned} \tag{8-5}$$

式中:$f(x_1,\cdots,x_n)$ 为联合分布密度函数;$f_i(x_i)$ 为边际分布密度函数;$c(u_1,\cdots,u_n)$ 为 Copula 密度函数。同理,若已知 n 维随机变量 $(x_1,x_2,\cdots,x_n)$ 的边际分布 $F_1(x_1), F_2(x_2),\cdots,F_n(x_n)$,则可以通过选取适当的 Copula 函数 $C(u_1,u_2,\cdots,u_n)$ 得到它们的联合分布函数 $F(x_1,x_2,\cdots,x_n)$。

Copula 的特殊性质提供了一种"尺度不变"的研究相关性度量的方法:随机变量在严格的单调变换下,其 Copula 函数是不变的,而边际可以任意改变。即 Copula 函数取决于相关结构而不是边际分布,利用 Copula 表达的联合分布的特性在单调变换下是不变的。因此,

常用的数据转换(如高斯变换、对数变换、Box-Cox 变换等)对 Copula 函数没有影响。

由于 Copula 与肯德尔秩相关系数 τ 都具有在单调变换时保持不变的非线性优势,人们往往采用肯德尔秩相关系数 τ 计算 Copula 函数,而不采用受到线性相关限制的皮尔逊线性相关系数。肯德尔秩相关系数 τ 与二维 Copula 函数 $C(u,v|\theta)$ 存在以下数学关系

$$\tau = 4\int_0^1\int_0^1 C(u,v\mid\theta)\mathrm{d}C(u,v\mid\theta)-1 \tag{8-6}$$

当变量 u 和 v 的肯德尔秩相关系数 τ 已知,对应 Copula 函数的参数 θ 可以通过式(8-6)求解。一些 Copula 族的参数甚至与 τ 之间存在一对一的对应关系。采用肯德尔秩相关系数 τ 估计的 Copula 函数参数 θ 与变量 u、v 的边际分布函数无关。

综上,Copula 的优点可以总结为以下两点:①Copula 函数在构造联合分布时对边缘分布没有限制;②由 Copula 函数导出的相关性指标在随机变量发生非线性单调变换的情况下是不变的。这使得建模问题大大简化,并且更能符合对相关数据的分析理解,也使得 Copula 理论在非线性相关结构建模领域得以广泛应用。

基于这些性质,我们可以将随机变量的边缘分布和相关结构分开研究。第 2 章介绍了通过多源不确定性整合得到每个地层面的高程变量概率分布,这个概率分布函数就是对应地层面在某一 (x,y) 位置的高程变量边际分布 $f(z)$。而根据 Copula 函数的性质,多个变量间的相关结构并不受其边际分布的影响,这使得我们可以在多地层相关结构建模中,不需要考虑复杂的多源不确定性对单个变量边际分布的影响。

8.3.2 Copula 函数族的选择和参数估计

为了模拟变量间各种特性的相关结构,不同的 Copula 函数被发展出来。为了用合适的 Copula 函数描述变量的相关结构,需要对 Copula 函数族进行选择,并估计函数中的参数取值。目前研究中采用较多的是椭圆族 Copula,如 Gaussian Copula(高斯 Copula)、t-Copula;阿基米德族 Copula,如 Frank Copula、Clayton Copula、Gumbel Copula,以及其生存函数。此外,还有很多其他类型的 Copula 函数可供选择。各种 Copula 函数各自具有不同的特性,在实际应用中,可以根据不同的相关结构选择相应的 Copula 函数,灵活构建合适的多元联合分布模型。例如:二维高斯 Copula 和 Frank Copula 能够描述具有对称尾部且尾部渐进独立的二维变量的相关特性;二维 t-Copula 适用于描述具有对称尾部且尾部相关的二维变量的相关特征;二维 Gumbel Copula 用于描述具有非对称性尾部,且上尾相关、下尾渐进独立的情况;二维 Clayton Copula 适用于描述具有非对称性尾部,且下尾相关、上尾渐进独立的二维变量的相关特征。此外,还可以对 Copula 函数作对称或旋转变换,得到其他衍生 Copula 函数,如生存 Copula 函数。除了以上含有参数的理论 Copula 函数,不含参数的经验 Copula 也是一种常用的 Copula 函数(图 8-7)。经验 Copula 函数可以直接通过样本数据的统计得到,不需要进行参数估计和相关性分析。由格里汶科定理可知,当样本量较多时,样本的经验分布函数与实际的理论分布十分接近。经验 Copula 函数定义为

$$C_n(u,v) = \frac{1}{n}\sum_{i=1}^{n} I_{[F(x_i)\leqslant u]} \cdot I_{[G(y_i)\leqslant v]} \tag{8-7}$$

式中：$(x_i, y_i)(i=1,2,\cdots,n)$ 为来自总体 (X,Y) 的样本；n 为样本个数；$F(x_i)\leqslant u$ 和 $G(y_i)\leqslant v$ 分别表示 X 和 Y 的边缘分布函数。当 $F(x_i)\leqslant u$ 时，$I_{[F(x_i)\leqslant u]}=1$，否则 $I_{[F(x_i)\leqslant u]}=0$；类似地，当 $G(y_i)\leqslant v$ 时，$I_{[G(y_i)\leqslant v]}=1$，否则 $I_{[G(y_i)\leqslant v]}=0$。

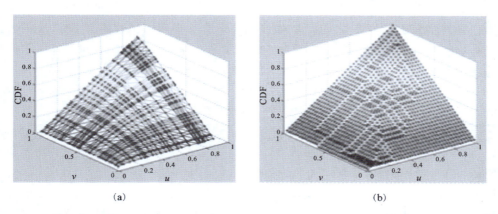

图 8-7　根据钻孔采样数据中相邻两地层面高程值拟合的高斯 Copula 函数和经验 Copula 函数
(a) 高斯 Copula；(b) 经验 Copula。

实际应用中针对具体问题，需要从众多 Copula 函数族中选择合适的 Copula 函数来模拟变量间的依赖结构。Copula 函数的选择方法主要有：①图形检测法，包括 Copula 分布函数图形法和条件分布图形法；②数值解析法，如最小距离法、拟合优度检验（K-S 检验、χ^2 检验）、独立性检验，以及各类信息准则，如赤池信息量准则（Akaike Information Criterion，AIC）和贝叶斯信息准则（Bayesian Information Criterion，BIC）等；③基于贝叶斯的 Copula 选择方法。

图形检测法虽然直观，但是缺乏量化标准，有些时候无法根据图形直接判断。数值解析法具有明确的量化指标，加上简单易用，在实际应用中使用较多。下面简要介绍数值解析法中的 K-S 检验、χ^2 检验和 AIC。

(1) K-S 检验是一种非参数检验，可以描述样本分布函数和所选择的理论分布函数是否一致，对小样本的数据同样适用。该方法的检验统计量为

$$T = \max_{x}\{|\hat{F}(x)-F(x)|\} \tag{8-8}$$

(2) χ^2 检验通过一个服从 χ^2 分布的检验统计量来判断所选的理论 Copula 函数是否合适，χ^2 检验通常要求样本容量足够大，样本划分的子集数量越大，χ^2 检验的效率越高。该方法的检验统计量为

$$T = \sum_{i=1}^{k}\frac{[f_i - np(x_i)]^2}{np(x_i)} \tag{8-9}$$

式中：k 为划分子集的个数；f_i 为第 i 个子集中数据出现的频数；$np(x_i)$ 为第 i 个子集的理论频数。

(3) AIC 是使用似然估计方法估计参数时,一种基于 Kullback-Leibler 信息度量的 Copula 函数选择方法。该方法的检验统计量为

$$AIC = -2\log(A) + 2m \tag{8-10}$$

式中:A 为极大似然函数;m 为独立参数个数。AIC 值表达了所选模型和参数的估计值对样本数据的适应性,可以认为 AIC 值越小,所选的模型越好。

对于更复杂的相关结构,单一的 Copula 函数可能无法准确描述变量在各分位数处的相关结构。有学者指出,将双变量 Copula 做线性凸组合后得到的函数仍为 Copula 函数。基于此,学者们提出了混合 Copula 方法(Hu,2006),通过对 l 个不同的 Copula 函数 $C_i(u,v;\theta_i)$ 进行线性凸组合,构建出更符合实际情况的混合 Copula 函数 $C_{\text{mix}}(U,V;\boldsymbol{\Theta})$

$$C_{\text{mix}}(U,V;\boldsymbol{\Theta}) = \sum_{i=1}^{l} \omega_i C_i(u,v;\theta_i) \tag{8-11}$$

式中:$\boldsymbol{\Theta} = (\omega_1,\cdots,\omega_l,\theta_1,\cdots,\theta_l)$;$\omega_i$ 为第 i 个 Copula 函数 $C_i(u,v;\theta_i)$ 的权重参数,且 $\sum_{i=1}^{l}\omega_i = 1$;$\theta_i$ 为对应 $C_i(u,v;\theta_i)$ 的相关参数。

选定 Copula 函数族之后,还需要确定 Copula 函数中的参数。Copula 函数参数估计方法一般可以分为三种:参数估计法、半参数估计法和非参数估计法。参数估计法主要是精确极大似然估计法和边际函数推断法。假设 n 维随机变量的边际分布 $F_1(x_1),F_2(x_2),\cdots,F_n(x_n)$ 的伪逆函数为 $F_1^{-1}(u_1),F_2^{-1}(u_2),\cdots,F_n^{-1}(u_n)$,对于 Copula 函数 C 定义域内任意 $(u_1,u_2,\cdots,u_n)$,均有

$$C(u_1,u_2,\cdots,u_n) = F(F_1^{-1}(u_1),F_2^{-1}(u_2),\cdots,F_n^{-1}(u_n)) \tag{8-12}$$

由 n 维分布的密度函数为

$$f(x_1,\cdots,x_n;\boldsymbol{\eta}) = c(F_1(x_1;\alpha_1),F_2(x_2;\alpha_2),\cdots,F_n(x_n;\alpha_n);\theta) \times \prod_{i=1}^{n} f_i(x_i;\alpha_i) \tag{8-13}$$

参数向量 $\boldsymbol{\eta} = (\alpha_1,\alpha_2,\cdots,\alpha_n;\theta)$,可得样本 $\boldsymbol{X} = (x_{1t},x_{2t},\cdots,x_{nt}),t=1,2,\cdots,T$ 的对数似然函数为

$$l(\boldsymbol{\eta};\boldsymbol{X}) = \sum_{t=1}^{T}\sum_{i=1}^{n} \ln f_i(x_{it};\alpha_i) + \sum_{t=1}^{T} c(F_1(x_1;\alpha_1),F_2(x_2;\alpha_2),\cdots,F_n(x_n;\alpha_n);\theta) \tag{8-14}$$

精确极大似然估计法通过最大化对数似然函数可以同时估计边缘分布函数和 Copula 函数中的所有参数。精确极大似然估计法所得到的极大似然估计量具有渐近正态性,是 Copula 函数估计的标准方法。但是在实际应用中,该方法需要同时计算大量参数,会遇到模型估计困难问题,而且对于高维数据,还可能出现维数灾难。

相比于精确极大似然估计法同时得到所有参数,边际函数推断法是一种分步估计法:先利用极大似然估计法计算边缘分布函数 f_i 的参数 $(\alpha_1,\alpha_2,\cdots,\alpha_n)$,然后通过边缘分布的参数计算伪样本数据,最后再用极大似然法估计 Copula 参数。分步估计法相比于精确极大似然

估计法降低了待估参数的数量,但是同样有效(Iyengar,1997)。

半参数估计法直接将经验分布当作边际分布。经验分布与实际数据保持一致,无须对边际分布作任何假设,可以减少因模型假设导致的认知偏差。在样本数量较少的情况下,相比于参数估计法,半参数估计法的估计结果更符合实际(Chen et al.,2006)。

非参数估计法不再根据变量间的相关结构对具体 Copula 函数的类型和参数做出任何假设,而是直接把样本的经验分布函数作为总体随机分布的近似,利用经验 Copula 或核密度估计法估计任意一点处的 Copula 函数值。几种 Copula 函数参数估计方法各有优势,但也存在着一定程度的不足,在实际应用中,往往根据需要选用适当的估计方法。

8.3.3 条件 Copula 函数

在实际建模时,很多情况下人们关注的不是联合分布模型,而是在特定约束下的条件分布模型。Patton 将标准 Copula 理论扩展为可用于建立条件分布模型的条件 Copula。

在条件集 W 约束下,二元条件 Copula 函数 $C:[0,1]\times[0,1]\times W\to[0,1]$ 满足以下性质:

(1) $C(u,0|\omega)=C(0,v|\omega)=0, C(u,1|\omega)=u, C(1,v|\omega)=v, \forall u,v\in[0,1], \forall \omega\in W$。

(2) $V_c([u_1,u_2]\times[v_1,v_2]|\omega)=C(u_2,v_2|\omega)-C(u_1,v_2|\omega)-C(u_2,v_1|\omega)+C(u_1,v_1|\omega)\geqslant 0, \forall u_1,u_2,v_1,v_2\in[0,1], u_1\leqslant u_2, v_1\leqslant v_2, \forall \omega\in W$。

条件 Sklar 定理:

设带有条件 W 的变量 $X|W\sim F, Y|W\sim G, (X,Y)|W\sim H, F、G$ 分别是 H 对应的边缘分布函数。若 $F、G$ 分别在点 x、y 处连续,那么存在唯一的条件 Copula 函数 $C, \forall (x,y)\in R, \forall \omega\in W$,满足

$$H(x,y|\omega)=C(F(x|\omega),G(y|\omega)|\omega) \quad (8-15)$$

反之,若 $X|W\sim F, Y|W\sim G, C$ 是一个条件 Copula 函数,则式(8-15)定义的 H 即为带有条件的边缘 $F、G$ 的二元条件联合分布函数。

基于条件 Copula,一个 n 维随机变量 $(x_1,x_2,\cdots,x_n)$ 的联合密度函数也可以表示为

$$f(x_1,x_2,\cdots,x_n)=f(x_n)f(x_{n-1}|x_n)f(x_{n-2}|x_{n-1},x_n)\cdots f(x_1|x_2,\cdots,x_n) \quad (8-16)$$

任何一个条件概率密度函数都可以分解为

$$f(x|v)=c_{xv_j|v_{-j}}(F(x|v_{-j}),F(v_j|v_{-j}))f(x|v_{-j}) \quad (8-17)$$

式中:v_j 为 n 维随机变量 v 中的一个分量;v_{-j} 为 v 中除去 v_j 的剩余 $n-1$ 维分量;$c_{xv_j|v_{-j}}[F(x|v_{-j}),F(v_j|v_{-j})]$ 被称为条件 Pair-Copula 密度函数,其中包含的条件分布函数 $F(x|v)$ 可以通过下式得到

$$F(x|v)=\frac{\partial C_{xv_j|v_{-j}}(F(x|v_{-j}),F(v_j|v_{-j}))}{\partial F(v_j|v_{-j})} \quad (8-18)$$

若 $F、G$ 是可微的,H 和 C 是二元可微的,则 H 的密度函数为

$$h(x,y|\omega)=f(x|\omega)\cdot g(y|\omega)\cdot c_{xy|\omega}(F(x|\omega),G(y|\omega)|\omega), \forall (x,y)\in R \quad (8-19)$$

式中：$f(x|\omega) = c_{x\omega}(F_X(x), F_W(\omega))f_X(x)$，$f(y|\omega) = c_{y\omega}(F_Y(y), F_W(\omega))f_Y(y)$，因此有

$$h(x,y|\omega) = c_{xy|\omega}(F(x|\omega), G(y|\omega)|\omega) \cdot c_{x\omega}(F_X(x), F_W(\omega))$$
$$\cdot c_{y\omega}(F_Y(y), F_W(\omega)) \cdot f_X(x) \cdot f_Y(y)$$
(8-20)

利用条件 Pair-Copula 密度函数分解，任意多元概率密度函数都能通过一系列 Pair-Copula 函数和边缘分布函数表示，学者们由此发展出基于条件 Pair-Copula 的藤 Copula 多元建模方法。

8.3.4　藤 Copula 模型

藤是在高维分布中标记约束条件的图形工具。假如将变量视为节点，这些变量节点可以通过表达特定条件约束的边构成树，藤是表达这些变量间依赖结构的多级树的集合，藤结构实际上是利用图模型表达变量关系。Cooke(2002)将藤结构引入高维分布建模。Aas 等在 Cooke 的工作基础上引入了将双变量 Copula 扩展到多变量 Copula 的方法。该方法将 Pair-Copula 结合藤结构得到的多变量 Copula 模型称为藤 Copula(Vine-Copula)。

假设有 n 个变量构成 n 维分布，则包含 n 个变量的正则藤 $V=\{T_1,\cdots,T_{n-1}\}$ 需满足以下条件：①T_1 是节点集为 $N_1=\{1,2,\cdots,n\}$，边集为 E_1 的树；②T_i 是节点集为 $N_i=E_{i-1}$，边集为 E_i 的树($2 \leq i \leq n-1$)；③若 T_{i+1} 中的两个节点被某条边相连，则 T_i 中的相应两条边必有共同节点。

条件③被称为邻近条件。常见的藤结构包括星形的 C 藤(Canonical Vine, C-Vine)、链状的 D 藤(D-Vine)和更复杂的正则藤(Regular Vine，以下简称 R 藤)。若每棵树上只有唯一一个节点与其他节点相连，则称此藤为 C 藤，该节点为根节点。若每个节点与其他节点相连的数目均不超过 2，则称此藤为 D 藤。对于三维藤 Copula 而言，三维 C 藤的结构也符合 D 藤定义，因此，三维 C 藤同时也是 D 藤，C 藤和 D 藤可以看作 R 藤的特例。

图 8-8 分别列出了用 C 藤、D 藤和 R 藤模拟的五个变量相关结构。可以看出，不同的藤结构可以模拟不同的相关结构，从相同的树出发也可能得到不同的次级树。当变量数量较少时，可以结合观测数据对所有的藤结构计算其似然值，选取最大似然值对应的藤结构作为最终的 R 藤模型。但是当变量较多时，可能的藤结构数量过多，通过遍历计算效率太低，针对这种情况，Dißmann 提出根据"最强相关性"原则选择树结构：从第一棵树 T_1 开始对每一棵树 T_i 计算所有变量的相关系数(如肯德尔秩相关系数 τ)，通过顺序方法，按"最强相关性"原则选择每棵树的 Pair-Copula 对应的变量，根据最大遍历树算法选择相关系数绝对值最大的树作为 R 藤模型的藤结构，然后估计藤结构中树上对应边的 Pair-Copula 类型及其参数，并计算伪观测值。重复上述步骤，直到 R 藤 $V=\{T_1,\cdots,T_{n-1}\}$ 中每一棵树的结构计算完毕。

将藤结构和 Copula 函数结合，Bedford 和 Cooke 等发展出藤 Copula 模型。藤 Copula 模型是对二维 Pair-Copula 的高维扩展，通过二维 Copula 将多个变量之间彼此连接，构建藤状结构的高维 Copula 模型，实现多变量联合概率建模。不同的 Pair-Copula 函数和藤结构

8 多地层结构联合不确定性建模

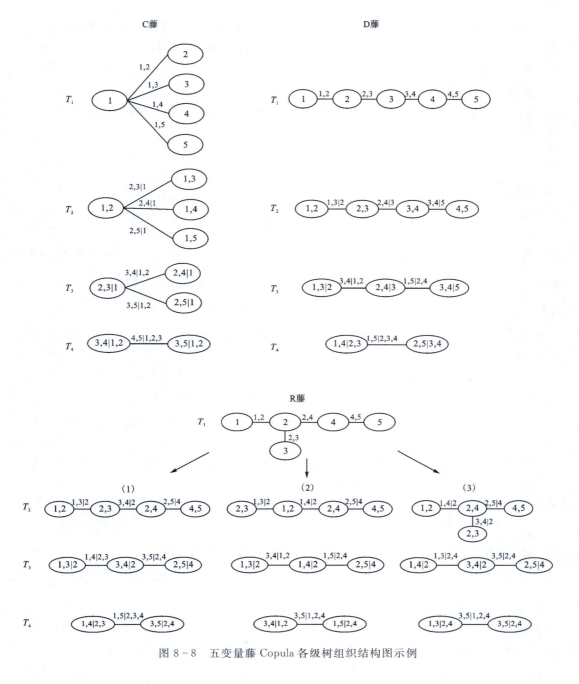

图 8-8 五变量藤 Copula 各级树组织结构图示例

的组合可以模拟变量间复杂的多维相关结构。

n 维随机向量 $\boldsymbol{x}=(x_1,\cdots,x_n)$ 的 R 藤密度函数可以按 Pair-Copula 分解为

$$f(x_1,\cdots,x_n)=\Big[\prod_{k=1}^{n}f_k(x_k)\Big]\Big[\prod_{i=1}^{n-1}\prod_{e(j,k)\in E_i}c_{j(e),k(e)|D(e)}(F(x_{j(e)}\mid x_{D(e)}),F(x_{k(e)}\mid x_{D(e)}))\Big] \tag{8-21}$$

等式最右边总共有 $n(n-1)/2$ 个双变量条件 Copula 密度函数,称为 R 藤 Copula。其中,$D(e)$ 表示条件集,$x_{D(e)}=\{x_i | i\in D(e)\}$,$x_{j(e)}$ 和 $x_{k(e)}$ 是在 $D(e)$ 约束下的变量。$c_{j(e),k(e)|D(e)}$ ($e\in E_i, 1\leqslant i\leqslant n-1$)是二维 Pair-Copula 密度函数,$f_k(1\leqslant k\leqslant n)$ 为 n 维 R 藤 Copula 联合分布的边际密度函数。

同理定义在 n 维随机向量 $\boldsymbol{x}$ 上 D 藤 Copula 与 C 藤 Copula 的密度函数分别如下。

D 藤 Copula 的密度函数

$$f(x_1,\cdots,x_n)=\Big[\prod_{k=1}^{n}f_k(x_k)\Big]\Big[\prod_{j=1}^{n-1}\prod_{i=1}^{n-j}c_{i,i+j|i+1,\cdots,i+j-1}\Big] \tag{8-22}$$

C 藤 Copula 的密度函数

$$f(x_1,\cdots,x_n)=\Big[\prod_{k=1}^{n}f_k(x_k)\Big]\Big[\prod_{j=1}^{n-1}\prod_{i=1}^{n-j}c_{j,j+i|1,\cdots,j-1}\Big] \tag{8-23}$$

密度函数 $c_{i,j|i_1,\cdots,i_k}=c_{i,j|i_1,\cdots,i_k}(F_i(x_i|x_{i1},\cdots,x_{ik}),F_j(x_j|x_{i1},\cdots,x_{ik}))$;条件累计密度函数 $F(x|\boldsymbol{v})=\dfrac{\partial C_{x,v_j|\boldsymbol{v}_{-j}}(F(x|\boldsymbol{v}_{-j}),F(v_j|\boldsymbol{v}_{-j}))}{\partial F(v_j|\boldsymbol{v}_{-j})}$;$C_{x,v_j|\boldsymbol{v}_{-j}}$ 是二维 Copula 的分布函数;$\boldsymbol{v}$ 是一个向量;v_j 是从中随机选择的一个变量;$\boldsymbol{v}_{-j}$ 表示向量 $\boldsymbol{v}$ 中除去 v_j 所剩下的变量。

为了清晰方便地表达 R 藤的树结构,Napoles 提供了一种利用矩阵描述 R 藤中树结构的方法。

令下三角矩阵 $\boldsymbol{M}=(m_{i,j}|i,j=1,\cdots,n)$ 为约束集矩阵,矩阵 $\boldsymbol{M}$ 的约束集集合为 $C_{\boldsymbol{M}}=C_{\boldsymbol{M}}(1)\bigcup C_{\boldsymbol{M}}(2)\cdots\bigcup C_{\boldsymbol{M}}(n-1)$,其中 $\boldsymbol{M}$ 的第 $i(i=1,2,\cdots,n-1)$ 个约束集可表示为

$$C_{\boldsymbol{M}}(i)=\{(\{m_{i,i},m_{k,i}\},D)|k=i+1,i+2,\cdots,n,D=\{m_{k+1,i},m_{k+2,i},\cdots,m_{n,i}\}\} \tag{8-24}$$

当 $k=n$ 时,定义 $D=\Phi$,对于约束集 $\boldsymbol{M}$ 中的元素 $(\{m_{i,i},m_{k,i}\},D)\in C_{\boldsymbol{M}}$,称 D 为条件集,$\{m_{i,i},m_{k,i}\}$ 为被条件集。约束集 $\boldsymbol{M}$ 由所有对角线元素 $m_{i,i}(i=1,2,\cdots,n)$、该列下方元素 $m_{k,i}(k=i+1,i+2,\cdots,n)$ 以及该列剩余元素 $\{m_{k+1,i},m_{k+2,i},\cdots,m_{n,i}\}$ 组成。

下三角矩阵 $\boldsymbol{M}=(m_{i,j})_{n\times n}$ 被称为 R 藤矩阵,若对于 $i=1,2,\cdots,n-1$ 以及所有的 $k=i+1,i+2,\cdots,n-1$,存在 $j\in\{i+1,i+2,\cdots,n-1\}$,满足

$$\{m_{k,i},\{m_{k+1,i},m_{k+2,i},\cdots,m_{n,i}\}\}\in B_{\boldsymbol{M}}(j) \text{ or } \in \widetilde{B}_{\boldsymbol{M}}(j) \tag{8-25}$$

且

$$B_{\boldsymbol{M}}(j)\triangleq\{(m_{i,i},D)|k=i+1,i+2,\cdots,n,D=\{m_{k,i},m_{k+1,i},\cdots,m_{n,i}\}\} \tag{8-26}$$

$$\widetilde{B}_{\boldsymbol{M}}(j)\triangleq\{(m_{k,i},D)|k=i+1,i+2,\cdots,n,D=\{m_{i,i}\}\bigcup\{m_{k+1,i},m_{k+2,i},\cdots,m_{n,i}\}\} \tag{8-27}$$

由上述定义可知,R 藤矩阵满足以下条件:①对于 $1\leqslant j\leqslant i\leqslant n$,有 $\{m_{i,i},m_{i+1,i},\cdots,m_{n,i}\}\subset\{m_{j,j},m_{j+1,j},\cdots,m_{n,j}\}$;②对于 $i=1,2,\cdots,n-1$,有 $m_{i,i}\notin\{m_{i+1,i+1},m_{i+2,i+1},\cdots,m_{n,i+1}\}$。

在 R 藤矩阵中,对角线元素是 $\{1,\cdots,n\}$ 的某个排列。矩阵自下而上第 i 行分别代表树 T_i,对角线元素 $m_{i,i}(i=1,2,\cdots,n)$ 和该列下方元素 $m_{k,i}(k=i+1,i+2,\cdots,n)$ 组成了 Copula 的条件集。

图 8-8 中几种 R 藤结构可以用矩阵形式表示为

$$M_C = \begin{pmatrix} 5 & & & & \\ 4 & 4 & & & \\ 3 & 3 & 3 & & \\ 2 & 2 & 2 & 2 & \\ 1 & 1 & 1 & 1 & 1 \end{pmatrix}, M_D = \begin{pmatrix} 5 & & & & \\ 1 & 4 & & & \\ 2 & 1 & 3 & & \\ 3 & 2 & 1 & 2 & \\ 4 & 3 & 2 & 1 & 1 \end{pmatrix}, M_R^{(1)} = \begin{pmatrix} 1 & & & & \\ 5 & 3 & & & \\ 4 & 5 & 2 & & \\ 3 & 4 & 5 & 4 & \\ 2 & 3 & 4 & 5 & 5 \end{pmatrix},$$

$$M_R^{(2)} = \begin{pmatrix} 5 & & & & \\ 3 & 3 & & & \\ 1 & 4 & 4 & & \\ 2 & 1 & 1 & 2 & \\ 4 & 2 & 2 & 1 & 1 \end{pmatrix}, M_R^{(3)} = \begin{pmatrix} 3 & & & & \\ 5 & 5 & & & \\ 1 & 1 & 1 & & \\ 4 & 2 & 4 & 4 & \\ 2 & 4 & 2 & 2 & 2 \end{pmatrix}$$

(8-28)

矩阵自下而上每一行对应一棵树,倒数第一行对应 T_1,倒数第二行对应 T_2,以此类推。倒数第 i 行的元素 $m_{i,j}$ 和该元素所在的第 j 列的对角元素 $m_{j,j}$ 作为被条件集,该元素 $m_{i,j}$ 同列下方的元素作为条件集,第 i 行取不同 j 时,条件集和被条件集组成的条件依赖关系分别对应着第 i 棵树 T_i 的各个边。

根据 R 藤矩阵表示形式,同样可以得到 R 藤 Copula 密度函数的 Pair-Copula 分解为
$f(x_1, \cdots, x_n) =$
$\left[\prod_{k=1}^{n} f_k(x_k) \right] \left[\prod_{j=n-1}^{1} \prod_{i=n}^{j+1} c_{m_{j,j}, m_{i,j} | m_{i+1,j}, m_{i+2,j}, \cdots, m_{n,j}} (F_{m_{j,j} | m_{i+1,j}, m_{i+2,j}, \cdots, m_{n,j}}, F_{m_{i,j} | m_{i+1,j}, m_{i+2,j}, \cdots, m_{n,j}}) \right],$
$\text{diag}: M = (m_{i,j} \mid i, j = 1, \cdots, n)$

(8-29)

且
$F_{m_{j,j} | m_{i+1,j}, m_{i+2,j}, \cdots, m_{n,j}} =$
$$\frac{\partial C_{m_{j,j}, m_{i+1,j} | m_{i+2,j}, m_{i+3,j}, \cdots, m_{n,j}} (F(x_{m_{j,j}} \mid x_{m_{i+2,j}}, x_{m_{i+3,j}}, \cdots, x_{m_{n,j}}), F(x_{m_{i+1,j}} \mid x_{m_{i+2,j}}, x_{m_{i+3,j}}, \cdots, x_{m_{n,j}}))}{\partial F(x_{m_{i+1,j}} \mid x_{m_{i+2,j}}, x_{m_{i+3,j}}, \cdots, x_{m_{n,j}})}$$

(8-30)

类似可得 $F_{m_{i,j} | m_{i+1,j}, m_{i+2,j}, \cdots, m_{n,j}}$。

8.3.5 空间 C 藤 Copula

通常在传统的两点统计学中,空间相关性的强度用两个随机变量之间的线性相关指标(线性相关系数、协方差、变差函数)描述,而这种描述方式通常隐含了线性或高斯分布假设。由于高斯分布可以分解为具有高斯边际的高斯 Copula,因此空间变量的高斯假设实际上假定了变量间具有椭圆对称的高斯相关结构,忽略了相关强度在变量定义域内的其他变化的可能性。而不同类型的 Copula 可以针对相同相关性的样本,在密度分布上呈现出不同的模

式。相比于两点统计学中基于高斯线性相关结构假设的协方差和变差函数模型，Copula在非线性相关结构建模方面的优势使空间Copula可以考虑更加复杂的空间相关结构和变量边际分布。

Bárdossy和Li(2008)在Copula理论和空间统计学的基础上，将金融和水文领域应用较多的时变Copula发展为空间Copula，采用两点间的经验Copula函数构建联合概率模型，表达空间变异结构。但是早期的空间Copula方法(Gräler,2014)只允许单一的多元Copula族（如高斯Copula、t-Copula等）。Gräler结合藤Copula思想提出了一个用于模拟空间随机场的空间C藤Copula模型(Gräler and Pebesma,2011)，并在此基础上发展出顾及协变量的时空Copula建模方法(Gräler,2014)。空间C藤Copula不再局限于单个多元Copula族，而是根据距离参数化的多种Pair-Copula经过线性凸组合构建一个局部邻域的C藤Copula，将边际分布添加到C藤Copula即可得到完整的多变量分布，描述被观测对象的局部空间相关结构（图8-9）。基于藤Copula的空间Copula方法在选择合适的Copula族时具有更强的灵活性。但是需要注意，Kazianka和Jürgen Pilz指出，不是所有的连续Copula都可以用于地质统计建模。空间Copula要求对称性，即联合分布不受变量顺序的影响。下面简要介绍基于C藤的空间Copula方法。

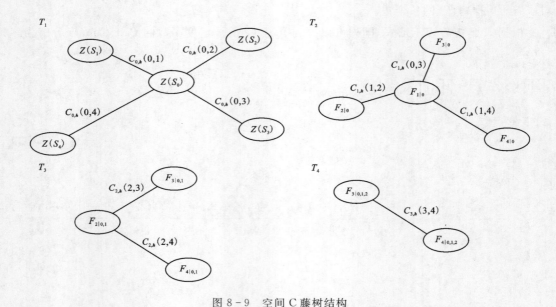

图8-9 空间C藤树结构

与传统的线性地质统计学一样，平稳性假设对于空间Copula构造是必不可少的。

(1)在各向同性情况下，二维空间Copula C_s 在感兴趣区域内的任意两个位置仅取决于分离向量 h 并且与位置 x 无关。对于域中的所有位置，$Z(x)$ 的边际累积分布函数 F 保持一致，即 $F_i(z_i)=F(z_i)$。

(2) 该 Copula 函数的参数化应能保证任意 n 个点对应的任意 n 维 Copula 都能反映它们的空间结构。

(3) 该 Copula 函数的参数化应该允许任意强的依赖性。在空间 C 藤 Copula 中，二维 Pair-Copula 的凸组合结构不仅可以考虑随距离变化的相关性的大小，而且顾及了相关结构的变化：

$$c_{\boldsymbol{h}}(u,v) = \begin{cases} c_{\boldsymbol{h}}^{(1)}(u,v), & 0 \leqslant \boldsymbol{h} < l_1 \\ (1-\lambda_2)c_{\boldsymbol{h}}^{(1)}(u,v) + \lambda_2 c_{\boldsymbol{h}}^{(2)}(u,v), & l_1 \leqslant \boldsymbol{h} < l_2 \\ \vdots & \vdots \\ (1-\lambda_k)c_{\boldsymbol{h}}^{(k-1)}(u,v) + \lambda_k \cdot 1, & l_{k-1} \leqslant \boldsymbol{h} < l_k \\ 1, & l_k \leqslant \boldsymbol{h} \end{cases} \quad (8-31)$$

式中：$\lambda_j = (h - l_{j-1})/(l_j - l_{j-1})$；$\boldsymbol{h}$ 为点对间的分离向量；$l_1, \cdots, l_k$ 为按不同的分离距离对样本划分的代表性距离（比如对应同一距离 h 区间的所有点对的距离中位数或平均距离），凸组合中的 Copula 函数 $c_{\boldsymbol{h}}^{(i)}$ 的参数也取决于距离 $\boldsymbol{h}$，通过对不同距离下 Copula 函数 $c_{\boldsymbol{h}}^{(i)}$ 的线性组合能够平稳地改变相关性的强度并通过距离完全参数化；u 和 v 为根据边际累积分布函数将变量观测值转换为均匀分布的分位数。不同的样本距离间隔划分将会对潜在的空间依赖结构产生不同的近似。间隔划分通常需要在两个方面进行权衡：划分的间隔数目少，则每个间隔下的观测值数量较多，虽然每个间隔的统计准确性较高但是整体上灵活性不足；使用较多的间隔时，虽然可以在整体上获得较强的灵活性，但是每个间隔可用的观测值太少，丧失了准确性。因此，只有保证每个间隔中有合理数量的观测值点对才能进行合理的 Copula 估计。

为了估计双变量空间 Copula，数据按不同的分离距离区间被分为空间点对数据子集（bin）。由于肯德尔秩相关系数 τ 是边际独立的，因此可以用来衡量 Copula 空间中的相关性。对每个代表性距离下的点对数据子集里的数据计算肯德尔秩相关系数 τ，将代表性距离和对应的相关系数值组织起来，得到秩相关系数随距离变化的曲线。对于每个空间点对数据子集，使用秩变换或边际累积分布函数将数据观测值转换到 Copula 空间的 $[0,1]$ 均匀分布。然后拟合 Copula 族，基于最大似然准则、AIC 或 BIC 选择最佳拟合族。然后，这些对应不同代表性距离的 Copula 函数根据分离距离计算的权重进行线性凸组合，得到可以模拟任何距离的混合 Copula。基于 Copula 函数与肯德尔秩相关系数 τ 的对应关系，我们可以通过随距离变化的秩相关函数得到双变量空间 Copula 函数。

空间藤 Copula 先通过双变量空间 Copula 来模拟 d-近邻的空间邻域中不同位置之间的两点空间相关结构，然后利用藤方法将这些空间 Copula 组织起来，建立该邻域的 d 维全分布模型。Gräler 采用 C 藤结构和空间 Copula 构建空间 C 藤模型。

$$c_{\boldsymbol{h}}(u_0, \cdots, u_d) = \prod_{i=1}^{d} c_{0,h(0,i)}(u_0, u_i) \cdot \prod_{j=1}^{l-1} \prod_{i=1}^{d-j} c_{j,h(j,j+i)}(u_{j|0,\cdots,j-1}, u_{j+i|0,\cdots,j-1}) \cdot \\ \prod_{j=l}^{d-1} \prod_{i=1}^{d-j} c_{j,j+i|0,\cdots,j-1}(u_{j|0,\cdots,j-1}, u_{j+i|0,\cdots,j-1}) \quad (8-32)$$

式中：以树的层级数 l 为分界点，假设从第 1 项到前 $l-1$ 项为空间相关项，采用平稳假设的空间 Copula C_h 替代，l 到 $d-1$ 项被认为是非空间相关项，采用常规的非空间 Pair-Copula。其中 $u_i = F_i(Z(s_i))$，$0 \leqslant i \leqslant d$，对于空间相关项，得到

$$u_{j+i|0,\cdots,j-1} = F_{j-1,h(j-1,j+i)}(u_{j+i} \mid u_0,\cdots,u_{j-1}) = \frac{\partial C_{j-1,h(j-1,j+i)}(u_{j-1} \mid u_0,\cdots,u_{j-2}, u_{j+i} \mid u_0,\cdots,u_{j-2})}{\partial u_{j-1} \mid u_0,\cdots,u_{j-2}},$$
$$1 \leqslant j \leqslant l, 0 \leqslant i \leqslant d-j$$

(8-33)

对非空间相关项，得到

$$u_{j+i|0,\cdots,j-1} = F_{j+i|0,\cdots,j-1}(u_{j+i} \mid u_0,\cdots,u_{j-1}) = \frac{\partial C_{j-1,j+i|0,\cdots,j-2}(u_{j-1} \mid u_0,\cdots,u_{j-2}, u_{j+i} \mid u_0,\cdots,u_{j-2})}{\partial u_{j-1} \mid u_0,\cdots,u_{j-2}},$$
$$l \leqslant j \leqslant d, 0 \leqslant i \leqslant d-j$$

(8-34)

一个多变量 Copula 通常存在不同的分解，但是在空间内插中，中心元素是根据插值领域自然定义的，所有的初始依赖关系都是关于中心位置的，因此可以采用 C 藤的根节点模拟中心元素与领域点的关系。在空间 C 藤的每个空间树 T_j ($1 \leqslant j \leqslant l$) 中，所有边都通过空间 Pair-Copula $c_{j,h(j,k)}$ 建模，并根据当前条件位置 s_j 和近邻 s_k 组成的条件数据点对的空间距离，计算 $c_{j,h(j,k)}$ 参数。一旦达到非空间相关层，空间距离的影响消失，连续的上级树就可通过非空间 Pair-Copula 建模。这种空间上不变的上级藤结构不会对涉及的 Pair-Copula 加以限制，并且针对任何空间组织的近邻点，都保持不变。上述方程中涉及的条件分布函数可以通过对 Copula 函数 $C_{j-1,j+1|0,\cdots,j-2}$ 求偏导数得到。

为了实现描述空间随机场 $Z(x,y)$ 的局部状态的完整分布，需要拟合变量的边际分布 $f_i(z_i)$ 并将它与空间藤 Copula 建立连接。根据建模对象的性质，可以对所有位置使用同一个边际分布（如果假定随机场是平稳的），或者使用包含一些趋势（例如基于位置、高程或附加的协变量）的多个边际分布。通过边际累积分布函数 $F_0,\cdots,F_d$ 将变量映射到 Copula 域，然后将 Copula 密度与边际密度相乘即可得到全分布概率密度

$$f_h(z_0,\cdots,z_d) = c_h(F_0(z_0),\cdots,F_d(z_d)) \cdot \prod_{i=0}^{d} f_i(z_i)$$

(8-35)

式中：z_i 是随机场 $Z(x_i,y_i)$ 的表示形式。虽然可以对边际分布和 Copula 函数的参数分步估计，但是为了保证应用的准确性，仍然需要保证两个部分参数之间有较好的匹配。

8.4 基于藤 Copula 的多地层相关结构建模

很多情况下，我们分析的地质对象可能涉及几个不同的地层。要分析这种由多个地层构成的地质结构，需要考虑多个地质变量构成的联合分布。非线性连接函数 Copula 在多变量联合概率建模和空间统计领域有出色的表现。本节以 Copula 理论为基础，构建地质变量相关结构模型，并基于此实现地层结构形态的不确定性分析和预测。

将局部区域地层面的高程视为一个变量,由于沉积地层分布具有空间连续性,该变量的边际分布在局部上满足连续性。由 Sklar 定理可知,对于包含多个地层面的局部区域,理论上存在一个可用于构建联合分布的 Copula 函数。在区域化变量理论基础上,笔者引入 Copula 理论,发展了一种基于 Copula 函数的局部地层形态不确定性建模方法,对沉积地层局部的几何结构形态进行不确定性分析和预测。

首先将复杂的地层形态转化为由位于 n 个位置上的已知接触点高程 z_i 描述的条件约束 $(z_1, z_2, \cdots, z_n)$ 和 p 个待评估的变量 z_{mj} 的组合 $(z_{m1}, z_{m2}, \cdots, z_{mp})$,计算满足该条件的特定地质事件发生的概率 $P(z_{m1}, z_{m2}, \cdots, z_{mp} | z_1, z_2, \cdots, z_n)$。例如,我们可以将 (x_i, y_i) 位置处的地层面的高程 z_i 作为空间位置变量,通过对这些点的高程值加以约束,构建条件概率模型 $P(z_1 | D_1, D_2, \cdots)$ 和联合概率模型 $P(z_1, z_2, \cdots | D_1, D_2, \cdots)$,估计特定地层形态的发生概率。

我们在 8.2 节中讨论了地层结构中的空间自相关和互相关,并在 8.3 节中介绍了 Copula 理论。为了实现多地层结构不确定性建模,本节中笔者提出一种基于空间 R 藤 Copula 的地层结构联合概率建模方法。

Copula 在应用最多的经济统计中,通常是根据变量的实际观测值数据进行分析统计,基于相关结构分配权重,建立相关性最强的藤结构。这种藤结构构建方法属于数据驱动,但是无法整合地质知识和专家经验。在地质统计应用中,可以基于地质规则构建图模型,为 Copula 藤中各级树设定节点的连接关系。

该方法利用 C 藤 Copula 模拟空间自相关结构,利用 D 藤 Copula 模拟地层属性互相关结构,通过 D 藤的链状结构将每个地层邻域的 C 藤中心节点组织起来,构成包含多个地层多个位置的空间 R 藤结构,藤中每个变量节点间采用二维 Copula 模型模拟对应的相关结构。根据地层沉积规律指定的 R 藤图模型不同于藤 Copula 方法中常用的纯数据驱动的连接关系构建,该方法利用 Copula 理论中的现有方法(图 8-10)整合了地质知识,将地层结构的拓扑关系以图模型的形式引入地质变量的相关结构建模中。

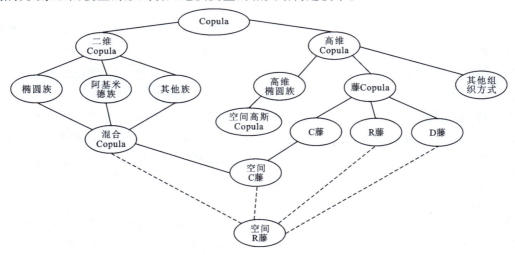

图 8-10　空间 R 藤 Copula 与 Copula 理论中各方法的关联

基于空间 R 藤 Copula 的多地层邻域联合分布构建方法的主要步骤如下。

(1) 定义每个地层的地层面高程函数。

(2) 对地层面接触数据进行统计分析，分析每个地层面高程变量的空间自相关结构和相邻地层高程变量间的互相关结构，利用二维 Copula 的组合描述变量间的相关结构。

(3) 对沉积地层按照地质规则构建空间 R 藤模型。

(4) 对空间 R 藤模型估计各级树和各个变量间的 Copula 函数族及其参数。

(5) 利用空间 R 藤 Copula 计算多地层空间邻域的联合分布函数。

基于空间 R 藤 Copula 的多地层邻域联合分布建模整体流程如图 8-11 所示。

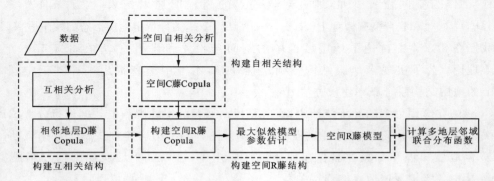

图 8-11　基于空间 R 藤 Copula 的多地层邻域联合分布建模整体流程

8.4.1　多地层空间邻域空间 R 藤 Copula 模型

类似于其他统计学方法，基于空间 R 藤 Copula 的多地层邻域联合分布建模方法也需要一些基本假设的支持。根据需要，我们对地层面的空间自相关和地层间的互相关做了两个假设。

(1) 地层面高程变量空间平稳假设。同一地层形成年代相同，两个不同年代的地层之间的界面处于同一时刻，基于原始连续律和原始水平律，假设地层面高程函数在空间分布上具有一定的连续性和平稳性，具有空间自相关性。基于此，我们采用空间 Copula 描述同一界面上两点间的相关性。

(2) 相邻地层面互相关假设。由沉积地层的层序叠加律可知，地层从下到上的顺序是由老到新，相邻地层面的几何形态具有相似性，相似程度只与地层年代的时间间隔有关。基于此，假设相邻地层面高程函数之间的相关结构为非空间相关，采用非空间 Copula 模拟相邻界面的相关结构。

根据这两条假设，对于同一地层面的空间自相关结构，我们可以采用空间 C 藤进行模拟，邻域中心作为 C 藤的根节点。相邻地层的相互作用导致相邻地层面间的相关性较强，而非相邻地层面之间形成时间间隔较久远，形成过程相对独立，相关性较弱。因此，我们根据层序关系构建 D 藤并以此模拟多个地层面之间的相关性。虽然所处地层面和位置均不同的点对之间也存在一定的相关性,但是由于点对间的时间和空间间隔较大,可以认为两点间不存在直接作用。在对多地层邻域相关结构进行建模时,只有位于同一地层面或位于相邻地层面同一(x,y)位置上的高程变量z_i才可以在藤结构的图模型中直接相连。

在沉积地层中,在同一个地层中,其地层面的高程值可以认为是连续变量,同一个地层面内主要考虑空间自相关。同一个地层面内部的相关性主要取决于地层的空间自相关,空间自相关强度与距离有关,距离越近,相关性越大。类似传统两点统计学,基于 Copula 和秩的空间统计利用两点间的秩相关系数代替协方差,采用平稳假设的空间 Copula 函数C_h替代变差函数。按距离分割数据,统计每段数据的秩相关性,计算每段距离对应的秩相关系数,得到秩相关系数随距离变化的曲线。通过拟合各距离区间的最佳二维 Copula,建立 Copula 的凸组合,可以模拟整个距离区间的空间自相关变化。当空间平稳时,局部邻域中采样点的联合分布可以用一个空间 Copula 模型描述。我们可以据此建立每个地层面上的 C 藤 Copula模型树,将每一层的邻域中心点作为 C 藤的中心节点,树的每一层根据邻域中的点对距离从小到大依次作为下一级的节点。

处于同一(x,y)位置上的高程变量z_i具有相同的(x,y),两个不同地层之间的相关性主要是由地层按时间顺序的连续沉积和地层类型的互斥造成的。对于按时间序列沉积的连续地层,其相关结构属于一种典型的 D 藤结构:$X_1—X_2—X_3$(图 8-12)。对于两个地层面而言,地层厚度的平缓变化保证了接触深度的正相关。这种地层间的相关性属于地层面的互相关,相邻地层的相关性较强,非相邻地层的相关性较弱。因此,我们采用 D 藤 Copula 模型,将各层邻域中心点作为 D 藤的节点,按照地层的邻接关系建立 D 藤的各级树,模拟层与层之间的相关结构。

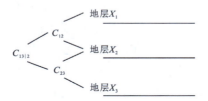

图 8-12　三个地层 D 藤结构示意图

每个地层面的空间 C 藤和相邻地层面的互相关 D 藤组成了描述多地层邻域相关结构的空间 R 藤。整个 R 藤的联合概率模型就是邻域内多个地层几何形态的不确定性表达。要估计特定地层形态发生的概率,只需对联合分布中的条件变量加以约束,根据联合概率密度对相应变量进行积分,即可得到该场景对应的事件发生的概率。

下面以一个由三个沉积地层构成的区域为例,解释多地层空间邻域的相关结构和对应藤树的组织结构。令该区域的三个地层的下界面为地层面 A、B、C,假设在待分析区域的中心添加一个虚拟钻孔,该虚拟钻孔与三个地层面 A、B、C 各有一个交点 A_0、B_0、C_0,取 A_0、B_0、C_0 在各地层面上的三个空间临近点(A_1、A_2、A_3,B_1、B_2、B_3,C_1、C_2、C_3),组建多地层空间邻域,如图 8-13 所示。该邻域包含三个地层面(A,B,C),每个地层面上有四个(x,y)位置(A_0、B_0、C_0,A_1、A_2、A_3,B_1、B_2、B_3,C_1、C_2、C_3)的地层接触点。这些接触点的空间位置反映了邻域内三个地层的整体形态。

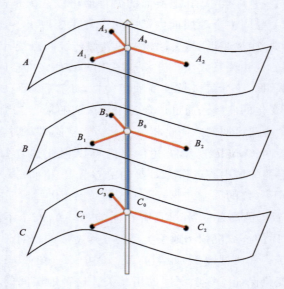

图 8-13 三个地层空间邻域示意图

每个地层面上的四个接触点的高程值具有空间自相关性,按空间 C 藤结构,将每个地层上的点以邻域中心位置上的点(A_0,B_0,C_0)作为中心节点组织成 C 藤结构(图 8-14 所示的红色虚线框内);各地层的中心点(A_0,B_0,C_0)因为具有相同的(x,y)位置,可以根据地层间的互相关建立链状 D 藤结构(图 8-14 所示的蓝色虚线框内),三个地层面的空间自相关 C 藤和互相关 D 藤组织在一起,构成了多地层邻域内包含 12 个接触点的空间 R 藤。该空间 R 藤上每个节点对应了多地层空间邻域内的接触点空间位置变量——地质随机函数 $z_i(x,y)$(i 为地层编号)。这些变量的取值反映了邻域内多个地层的结构形态。

基于地质规则同时考虑空间自相关和相邻地层的互相关,对三个地层、12 个接触点设定了一种 R 藤结构(图 8-14),借助空间 R 藤 Copula 方法,可以对多地层邻域的相关结构进行建模。

兼顾空间自相关和地层互相关的空间 R 藤 Copula 密度函数可以表示为

$$c_{hL}(u_0,\cdots,u_d) = \prod_{i=1}^{n_L}\prod_{j=1}^{d} c_{i0,h(i0,ij)}(u_{i0},u_{ij}) \cdot \prod_{j=1}^{n_L-1} c_{j,j+1}(u_j,u_{j+1}) \cdot \prod_{j=1}^{l-1}\prod_{i=1}^{d-j} c_{j,j+i|0,\cdots,j-1} \cdot$$
$$(u_{j|0,\cdots,j-1},u_{j+i|0,\cdots,j-1})$$

(8-36)

其中,$u_i = F_i(z)$,$0 \leqslant i \leqslant d$,$n_L$ 为地层面的数量,得到

8 多地层结构联合不确定性建模

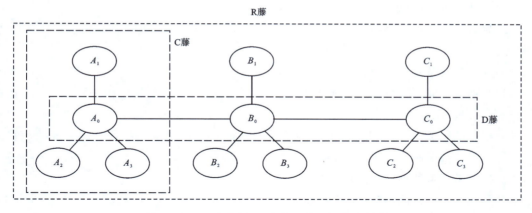

图 8-14 三个地层 12 个变量的空间 R 藤结构

$$u_{j+i|0,\cdots,j-1} = F_{j+i|0,\cdots,j-1}(u_{j+i} \mid u_0,\cdots,u_{j-1}) = \frac{\partial C_{j-1,j+i|0,\cdots,j-2}(u_{j-1} \mid u_0,\cdots,u_{j-2}, u_{j+i} \mid u_0,\cdots,u_{j-2})}{\partial u_{j-1} \mid u_0,\cdots,u_{j-2}},$$

$$1 \leqslant j \leqslant d, 0 \leqslant i \leqslant d-j$$

(8-37)

在 8.3.6 节空间 C 藤方法的基础上,空间 R 藤 Copula 以树的层级 l 为分界点,假设前 l 到 $l-1$ 项为空间自相关和属性互相关,采用平稳假设的空间 Copula $c_{i0,h(i0,ij)}$ 描述第 i 个地层上的点 ij 离中心节点 $i0$ 距离为 h 时的空间自相关,二维 Copula 函数 $c_{j,j+1}$ 描述地层 j 和相邻地层 $j+1$ 的互相关,l 到 $d-l$ 项 $c_{j,j+i|0,\cdots,j-1}$ 被认为是非空间相关项,整合 l 以上各级树。

将 Copula 密度 $c_{hL}(u_0,\cdots,u_d)$ 与边际概率密度 $f_i(z_i)$ 相乘即可得到邻域内所有接触点位置的联合概率密度函数为

$$f_h(z_0,\cdots,z_d) = c_{hL}(u_0,\cdots,u_d) \cdot \prod_{i=0}^{d} f_i(z_i)$$

(8-38)

8.4.2 模型参数估计

由于多地层空间邻域涉及的变量数较多,空间 R 藤结构较为复杂,直接采用极大似然参数估计法计算效率低,因此采用分步的顺序估计法对空间 R 藤 Copula 模型进行参数估计。顺序估计法是指根据 R 藤模型中树的顺序依次进行估计的方法(Czado et al.,2012)。由于借助条件 Copula 的 Pair-Copula 分解,构成树 T_i 的条件 Copula 函数通过 Copula 条件密度函数和前一级的树相连,因此可以每次只估计涉及双变量的 Pair-Copula 函数参数,依次模拟 R 藤模型中的各级树。相比于极大似然估计法,顺序估计法虽然精度稍低,但是也能取得较接近的模拟结果,该模拟结果适合作为极大似然估计法的参数初值。

空间 R 藤的参数估计步骤如下。

(1)统计数据,计算各变量边际分布函数。

(2)将数据观测值通过边际分布函数转换为[0,1]均匀分布,此时数值表示累计概率密度的分位数。

(3)统计各变量新边际分位数的秩相关系数。

(4)数据按空间距离分割。按不同距离进行两点统计,计算距离秩相关系数,并利用多项式拟合距离秩相关函数。

(5)根据 AIC、BIC 和最大似然准则确定最佳匹配 Copula 族,并估计 Copula 模型参数。

(6)按照距离对距离分段 Copula 进行加权线性组合,得到各地层空间线性混合 Copula。

(7)根据最大似然准则,选择 R 藤树形结构。

(8)利用顺序估计法,将空间自相关 Copula、地层互相关 Copula 和高层树中 Copula 的参数作为初值,代入极大似然函数,得到空间 R 藤整体最佳参数。

8.5 多地层结构形态预测与不确定性分析方法

根据 8.4 节得到的联合概率,可以进一步设定条件变量 $(A,B,\cdots)$,计算感兴趣的某个变量 x 的条件概率 $P(x|A,B,\cdots)$。或者将多个地质变量组合作为一个综合事件 $(A,B,\cdots|\text{Condition})$,计算对应事件的概率 $P(A,B,\cdots|\text{Condition})$,分析复杂事件发生的不确定性。

8.5.1 基于空间 R 藤 Copula 的空间预测方法

在实际应用中,常常需要对缺乏观测数据的未知区域进行预测。例如,地质勘探和钻井工程中存在着大量不确定性因素,在钻探过程中随时可能遇到不同的地质条件,如岩性和地层的变化等,这就需要在未打钻或钻孔未深入到目标地层之前,对地层的位置分布有一定的估计,否则可能影响施工,甚至造成钻井事故。在钻井地质设计阶段,根据传统地质统计学空间插值或者模拟方法,人们可以利用研究区附近已有的观测数据(如钻孔),对未知区域的钻井地质特征参数进行插值预测,但是很多传统地质统计插值方法(如克里格法、随机插值方法、分形插值方法、最大熵法、径向基函数法、神经网络方法等)存在一定局限性,大部分方法只能利用同一属性的数据作为样本数据,部分方法可以对两种或多种数据源的信息进行融合,在面对多变量间的复杂非线性相关结构时往往难以处理。

本章提出的空间 R 藤 Copula 方法可以模拟多个地层间的复杂相关结构,分析多个地层的整体结构不确定性,也可以同时将相邻地层的采样信息作为条件约束,对目标地层的结构形态进行预测。该方法考虑了来自相邻地层的信息,通过建立地层间互相关结构约束,提高了地层的预测精度。

基于空间 R 藤 Copula 的单点预测方法的主要步骤:每个待求位置 s_0 都要与其最邻近的 d 个观测样本 $(z_1,\cdots,z_d)$ 分为一组,构建 $d+1$ 维的空间 R 藤 Copula 密度函数 $c_{hL}(u,u_1,\cdots,u_d)$

和条件 Copula 密度 $c_{hL}(u|u_1,\cdots,u_d)$，计算待求变量的一维条件分布 $f_h(u|u_1,\cdots,u_d)$。当只用单一地层面进行预测时，d-邻域由来自同一地层面的相邻接触点样本组成。当存在相邻层的数据作为互相关约束时，可以采用来自相邻地层面的接触点一起组建 d 维多地层空间邻域，构建 $d+1$ 维的 Copula 密度函数 $c_{hL}(u,u_1,\cdots,u_d)$，计算待求位置上地层面的完整条件分布函数。通过条件分布进一步计算变量的条件期望值、中位数或置信区间等。利用 Copula 函数计算条件期望 $\hat{Z}_m(s_0)$ 和分位数 $\hat{Z}_p(s_0)$，计算公式分别为：

$$\hat{Z}_m(s_0) = \int_R z \cdot f_h(z|z_1,\cdots,z_d)\mathrm{d}z = \int_{[0,1]} F_0^{-1}(u)c_{hL}(u|u_1,\cdots,u_d)\mathrm{d}u \quad (8-39)$$

$$\hat{Z}_p(s_0) = F_0^{-1}(C_{hL}^{-1}(u=p|u_1,\cdots,u_d)) \quad (8-40)$$

式中：$u_i = F_i(z_i)(1 \leqslant i \leqslant d)$ 为每个近邻点上高程函数的边际累积概率密度函数；$p \in (0,1)$ 为根据应用需要所取的分位数（如 $p=0.5$ 获得中值）。$\hat{z}_m(s_0)$ 的等式是建立在概率积分变换的基础上的。

与克里格法不同，这种方法的一个优点是可以描述未观测位置处随机变量的完整概率分布，而克里格法得到的预测值和预测方差只是分布的一阶原点距和二阶中心距。更丰富的边际分布和相关结构的选择可以提供更准确的不确定性估计。另一个优点是对于边际信息，只需要提供变量的边际分位数函数即可。这允许我们使用从经验累积分布函数中得出的近似公式，而不需知道任何已知的显式分布族密度函数。但是需要注意的是，经验累积分布函数通常会受到最小和最大观测值所定义的值域的限制。

8.5.2 多地层结构联合不确定性分析方法

空间 R 藤 Copula 模型除了可以对单个位置上的待求地层面的位置进行预测，还可以分析在多个相邻地层组成的空间邻域中，包含 n 个位置的多点空间结构的整体不确定性。通过对条件变量赋值施加约束条件构造地层面的局部空间结构约束，将该空间邻域的空间 R 藤 Copula 概率密度函数 $c_{hL}(u_1,\cdots,u_d)$ 乘以各地层变量边际概率密度 $f_i(z_i)$ 得到多地层空间结构的联合概率密度

$$f(z_1,\cdots,z_n) = c_{hL}(u_1,\cdots,u_d) \cdot \prod_{k=1}^{d} f_k(z_k) \quad (8-41)$$

利用联合概率密度 $f(z_1,\cdots,z_n)$ 计算变量 $z_1,\cdots,z_n$ 的子集 $z_{m1},\cdots,z_{mt}$ 的条件概率密度

$$f(z_{m1},\cdots,z_{mt}|D) = \frac{f(z_{m1},\cdots,z_{mt},D)}{f(D)} = \frac{f(z_{m1},\cdots,z_{mt},D)}{\int_R \cdots \int_R f(z_{m1},\cdots,z_{mt},D)\mathrm{d}z_{m1}\cdots\mathrm{d}z_{mt}}$$

$$(8-42)$$

式中：D 为变量集合 $z_1,\cdots,z_n$ 中除子集 $z_{m1},\cdots,z_{mt}$ 之外的变量在样本数据中的已知取值结果，作为条件约束；$f(z_{m1},\cdots,z_{mt},D)$ 为联合概率密度 $f(z_1,\cdots,z_n)$ 中除子集 $z_{m1},\cdots,z_{mt}$ 之外的变量取已知值时的概率密度。$z_{mi}(i=1,\cdots,t)$ 是 t 个不同位置的变量 z_i 组成的空间邻域中的待求变量，剩余的 $n-t$ 个 z_i 变量作为条件变量，$z_{mi_{\max}}$ 和 $z_{mi_{\min}}$ 分别为待求变量 z_{mi} 取值

的上下界。根据需要预测的地层形态更改条件项和被条件项及其定义域,即可计算多地层邻域中任意指定地层形态的概率。

对条件概率密度 $f(z_{m1},\cdots,z_{mt}|D)$ 中被条件化的前 t 项 $z_{m1},\cdots,z_{mt}$ 作 t 重定积分即可得到联合条件概率

$$P(z_{m1_{\min}} \leqslant z_{m1} \leqslant z_{m1_{\max}},\cdots,z_{mt_{\min}} \leqslant z_{mt} \leqslant z_{mt_{\max}} | D) = \int_{z_{m1}=z_{m1_{\min}}}^{z_{m1_{\max}}} \cdots \int_{z_{mt}=z_{mt_{\min}}}^{z_{mt_{\max}}} \cdot f(z_{m1},\cdots,z_{mt} | D) \cdot dz_{m1} \cdots dz_{mt} \tag{8-43}$$

通过前面设定的结构控制点参数,计算多个位置的联合概率密度 $f(z_{m1},\cdots,z_{mt}|D)$ 和指定的多地层空间结构对应的条件概率 $P(z_{m1_{\min}} \leqslant z_{m1} \leqslant z_{m1_{\max}},\cdots,z_{mt_{\min}} \leqslant z_{mt} \leqslant z_{mt_{\max}} | D)$,可以分析对应地质场景的不确定性。

事实上,由于藤 Copula 密度函数 $c_{hL}(u_1,\cdots,u_d)$ 的复杂性,随着联合项 $z_{m1},\cdots,z_{mt}$ 的个数增多,联合分布的变量维数增加,为了得到准确的联合概率值,只能采用数值积分的方法作联合概率密度函数的 t 重定积分。积分计算的计算量会随着维度的增加而迅速增加。当我们只是为了比较不同场景间的可能性时,可以采用一种未归一化的概率来降低计算成本。由于条件概率密度 $f(z_{m1},\cdots,z_{mt}|D)$ 中的条件项 D 取已知确定值,所以当条件 D 不变时,概率密度 $f(D)$ 是一个固定值,记做常数 C_D。此时有:

$$f(z_{m1},\cdots,z_{mt} | D) = \frac{1}{C_D} \cdot f(z_{m1},\cdots,z_{mt},D) \tag{8-44}$$

$$P(z_{m1_{\min}} \leqslant z_{m1} \leqslant z_{m1_{\max}},\cdots,z_{mt_{\min}} \leqslant z_{mt} \leqslant z_{mt_{\max}} | D) = \frac{1}{C_D} \cdot \int_{z_{m1}=z_{m1_{\min}}}^{z_{m1_{\max}}} \cdots \int_{z_{mt}=z_{mt_{\min}}}^{z_{mt_{\max}}} \cdot f(z_{m1},\cdots,z_{mt},D) \cdot dz_{m1} \cdots dz_{mt} \tag{8-45}$$

则未归一化的概率 $P(z_{m1},\cdots,z_{mt}|D)_{un}$ 为

$$P(z_{m1_{\min}} \leqslant z_{m1} \leqslant z_{m1_{\max}},\cdots,z_{mt_{\min}} \leqslant z_{mt} \leqslant z_{mt_{\max}} | D)_{un} = \int_{z_{m1}=z_{m1_{\min}}}^{z_{m1_{\max}}} \cdots \int_{z_{mt}=z_{mt_{\min}}}^{z_{mt_{\max}}} \cdot f(z_{m1},\cdots,z_{mt},D) \cdot dz_{m1} \cdots dz_{mt} \tag{8-46}$$

因为 $P(z_{m1},\cdots,z_{mt}|D)_{un}$ 与实际概率 $P(z_{m1},\cdots,z_{mt}|D)$ 成比例,所以通过比较相同条件 D 下的不同场景的未归一化概率 $P(z_{m1},\cdots,z_{mt}|D)_{un}$,即可实现对不同地质场景不确定性的对比分析。

利用条件概率密度函数 $f(z_{m1},\cdots,z_{mt}|D)$,由公式

$$E(X | Y=y) = \int_{-\infty}^{+\infty} xf(x | y) dx \tag{8-47}$$

可以进一步计算地层形态在指定条件下的联合期望 $E(z_{m1},\cdots,z_{mt}|D)$,实现基于空间 R 藤 Copula 的多点位整体预测。求取期望需要对 $X=(z_{m1},\cdots,z_{mt})$ 参数全范围进行积分,当 $t=1$ 时,单变量的条件期望即为单点预测;当变量数 t 较大或数值积分域分辨率较高时,全定义域 t 重积分较难计算。虽然全定义域 t 重积分较难实现,但是我们可以选取最大概率密度的事件作为最可能的事件,在局部积分域 $D = \{(z_{m1},\cdots,z_{mt}) \in \mathbb{R}^m | z_{m1_{\min}} \leqslant z_{m1} \leqslant z_{m1_{\max}},\cdots,z_{mt_{\min}} \leqslant z_{mt} \leqslant z_{mt_{\max}}\}$ 上寻找对应最大概率密度的变量取值组合作为局部地层最优形态。局部

定义域的边界值可以通过专家经验指定,或者采用单点预测方法对每个变量单独计算指定的置信区间并将其作为局部积分域边界。

8.6 针对断层等情况的处理

对于地层面被断层切割的情况,我们采用了 Pomian-Srzednicki 的边界分解策略(Pomian-Srzednicki,2001),建模时将断层面两侧的同一地层面视作两个不同的面,对两侧分别采用空间 Copula 方法计算地层面的概率分布函数。由于断层两侧的数据是分开统计的,因此两侧的地层面的边际分布和空间 Copula 参数可能不同,无法直接建立断层两侧变量之间的联合概率模型。对于断层位移参数已知的情况,可以借助空间混合 Copula 函数,实现跨越断层的空间插值或横跨断层两侧区域的联合概率建模。

以图 8-15 中两个虚拟钻孔为例,说明 Copula 方法如何处理断层两侧的地层面。假设 1 号地层和 2 号地层未沉积地层,被断层分为左、右两部分。左侧的 1 号地层的下界面记为 L_1,2 号地层的下界面记为 L_2;右侧的 1 号地层的下界面记为 R_1,2 号地层的下界面记为 R_2。假设两个虚拟钻孔分别位于断层两侧的 x_1、x_2 位置。孔 x_1 上的 1 号地层下界面接触点 x_{11} 高程为 z_{11},2 号地层下界面接触点 x_{12} 高程为 z_{12}。孔 x_2 上的 1 号地层下界面接触点 x_{21} 高程为 z_{21},2 号地层下界面接触点 x_{22} 高程为 z_{22}。L_1 与断层面的交点为 x_{L_1},L_2 与断层面的交点为 x_{L_2}。R_1 与断层面的交点为 x_{R_1},R_2 与断层面的交点为 x_{R_2}。x_{11} 与断层面水平距离 l_{L_1},x_{11} 距离断层面水平距离 l_{L_1}。假设断层两侧的点 x_{L_1} 与 x_{R_1} 原为同一点,同样 x_{L_2} 与 x_{R_2} 也为同一点。根据断层左侧的样本数据统计得到的 1 号地层面边际概率密度函数为 f_{L_1},2 号地层面边际概率密度函数为 f_{L_2}。根据断层右侧的样本数据统计得到的 1 号地层面边际概率密度函数为 f_{R_1},2 号地层面边际概率密度函数为 f_{R_2}。显然 x_{11} 和 x_{L_1} 处的高程函数的边际概率密度函数均为 f_{L_1}。同理,x_{12} 和 x_{L_2} 处的高程函数的边际概率密度函数均为 f_{L_2},x_{21} 和 x_{R_1} 处的高程函数的边际概率密度函数均为 f_{R_1},x_{22} 和 x_{R_2} 处的高程函数的边际概率密度函数均为 f_{R_2}。类似地,我们定义 1 号地层面边际累计概率密度函数 F_{L_1} 和 2 号地层面边际累计概率密度函数 F_{L_2},并对各点的高程依照前面边际概率密度函数的对应关系指定其边际累计概率密度函数。

为了实现横跨断层两侧区域的联合概率建模,首先将断层右侧按位移参数 $(\vec{\Delta x}, \vec{\Delta y}, \vec{\Delta z})$ 移回原始沉积处,得到新的虚拟钻孔位置 x_1'、x_2'。位移后,孔 x_2 上的 1 号地层下界面接触点 x_{21}' 高程为 z_{21}',2 号地层下界面接触点 x_{22}' 高程为 z_{22}'。位移后,XY 平面上两钻孔的水平距离 $d = l_{L_1} + l_{R_1} = l_{L_2} + l_{R_2}$。利用 8.3.6 中介绍的加权混合空间 Copula 方法估计断层两侧的空间自相关信息传递。根据空间 Copula 计算两个位置 x_1、x_2' 上的 $Z(x_i)$ 联合概率分布 $f(z_{11}, z_{12}, z_{21}, z_{22} | D)$。

由于同一地层的断层两侧的部分在建模时被视为两个不同地层,其建模参数和样本数据均独立设置,因此我们假设断层两侧的界面点高程关于断层上的点是条件独立的,此时有

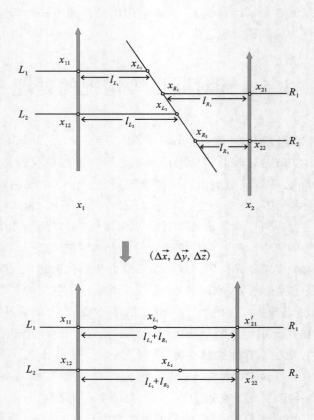

图 8-15 通过平移复原断层两侧变量关系

$z_{11} \perp z_{21} | z_{L_1}$, $z_{12} \perp z_{22} | z_{L_2}$, $z_{11} z_{12} \perp z_{21} z_{22} | z_{L_1}$, $z_{11} z_{12} \perp z_{21} z_{22} | z_{L_2}$。为了方便标记,我们将 x_{11} 的高程记为 z_1,x_{L_1} 的高程记为 z_2,x_{R_1} 的高程记为 z_3,x_{21} 的高程记为 z_4,x_{12} 的高程记为 z_5,x_{L_2} 的高程记为 z_6,x_{R_2} 的高程记为 z_7,x_{22} 的高程记为 z_8。此时可得:

$$z_2 = z_3 + \Delta z \tag{8-48}$$

$$z_6 = z_7 + \Delta z \tag{8-49}$$

下面以断层两侧的 1 号地层面为例,对建立跨越断层的界面高程联合概率模型展开详细说明。通过断层的位移参数对断层右侧地层面作平移变换后,断层右侧底层界面高程变量 z_3 变为 $z_3' = z_3 + \Delta z = z_2$,$z_4$ 变为 $z_4' = z_4 + \Delta z$,z_2 和 z_3' 对应同一个点的高程,所以 $f_{L_1}(z_2) = f_{R_1'}(z_3') = f_{R_1}(z_3)$。由于断层右侧整体平移,各点位上界面高程对应的秩并没有变,所以有:

$$u_3' = u_3 = F_{R_1}(z_3) = F_{R_1}(z_2 - \Delta z) = F_{R_1}(F_{L_1}^{-1}(u_2) - \Delta z) \tag{8-50}$$

$$u_4' = u_4 = F_{R_1}(z_4) \tag{8-51}$$

平移后 z_4' 的边际概率密度函数为

$$f_{R_1'}(z_4') = f_{R_1'}(z_4 + \Delta z) = f_{R_1}(z_4) \qquad (8-52)$$

有：

$$f_{3'4'}(z_3', z_4') = c_{34}(u_3, u_4) \cdot f_{R_1}(z_3) \cdot f_{R_1}(z_4) = f_{34}(z_3, z_4) \qquad (8-53)$$

$$\begin{aligned} f_{24'}(z_2, z_4') &= f_{3'4'}(z_3', z_4') \\ &= c_{34}(u_3, u_4) \cdot f_{R_1}(z_3) \cdot f_{R_1}(z_4) \\ &= c_{34}(F_{R_1}(F_{L_1}^{-1}(u_2) - \Delta z), u_4') \cdot f_{L_1}(z_2) \cdot f_{R_1}(z_4) \\ &= f_{24}(z_2, z_4) \end{aligned} \qquad (8-54)$$

$$c_{24}(u_2, u_4) = c_{34}(F_{R_1}(F_{L_1}^{-1}(u_2) - \Delta z), u_4) \qquad (8-55)$$

$$f_{14}(z_1, z_4) = \int_R f_{124}(z_1, z_2, z_4) \mathrm{d}z_2 \qquad (8-56)$$

$$f_{124}(z_1, z_2, z_4) = f_1(z_1) \cdot f_{2|1}(z_2 \mid z_1) \cdot f_{4|1,2}(z_4 \mid z_1, z_2) \qquad (8-57)$$

由于条件独立假设 $z_1 \perp z_4 \mid z_2$，则

$$f_{4|1,2}(z_4 \mid z_1, z_2) = f_{4|2}(z_4 \mid z_2) \qquad (8-58)$$

有

$$\begin{aligned} f_{14}(z_1, z_4) &= \int_R f_1(z_1) \cdot f_{2|1}(z_2 \mid z_1) \cdot f_{4|2}(z_4 \mid z_2) \mathrm{d}z_2 \\ &= \int_R f_1(z_1) \cdot f_2(z_2) \cdot c_{12}(u_1, u_2) \cdot f_4(z_4) \cdot c_{24}(u_2, u_4) \mathrm{d}z_2 \\ &= \int_R f_1(z_1) \cdot f_2(z_2) \cdot c_{12}(u_1, u_2) \cdot f_4(z_4) \cdot c_{34}(F_{R_1}(F_{L_1}^{-1}(u_2) - \Delta z), u_4) \mathrm{d}z_2 \end{aligned}$$

$$(8-59)$$

其中，f_1、f_2 均对应 f_{L_1}，f_4 对应 f_{R_1}，c_{12} 和 c_{34} 可以通过 8.3.6 节介绍的空间 Copula 方法按照对应的空间距离 l_{L_1} 和 l_{R_1} 进行估计。类似地，可以得到 2 号地层面在断层两侧的联合概率分布函数 $f_{58}(z_5, z_8)$。

最后，考虑地层间互相关作用，根据分解式 $f_{1458}(z_1, z_4, z_5, z_8) = \int_R f_{15|2} \cdot f_{48|2} \cdot f_2 \mathrm{d}z_2$，结合空间 R 藤 Copula 方法，即可得到位置 x_1、x_2' 上 1 号和 2 号两个地层面高程 $z(x_i)$ 跨断层两侧的联合概率分布函数 $f(z_{11}, z_{12}, z_{21}, z_{22} \mid D)$。

8.7 多地层联合不确定性分析实例

笔者在具有典型沉积特征的长江三角洲地区中选取某地区作为研究区域，对该地区第四系结构的空间位置分布进行不确定性分析和预测，验证基于空间 R 藤的多地层结构不确定性建模的可行性。

8.7.1 研究区地质背景

长江是我国第一大河,其水流携带的大量泥沙在入海处形成了大型的三角洲沉积体。长江三角洲处于扬子地层大区东段,地跨下扬子地层分区和江南地层分区,受内外地质营力长期而缓慢的作用,形成滨海平原、山地丘陵以及海岛三大地貌单元。区域前第四系主要出露于山地丘陵和海岛地带,而滨海平原区主要出露第四系。区域基岩地层发育齐全,钻孔剖面揭示从老到新由元古宇长城系、青白口系、南华系、震旦系,古生界寒武系、奥陶系、志留系、泥盆系、石炭系、二叠系,中生界三叠系、侏罗系、白垩系,新生界古近系等地层组成。在多期构造运动的影响下,长江三角洲地区发育了丰富的构造现象。北部地区由于第四系覆盖严重,构造形迹多由地球物理资料和钻孔揭示,在山麓地带也可见多期构造发育,以褶皱、断裂,以及中、新生代凹陷盆地为主要表现形式。

其中,长江三角洲滨海平原区主要出露第四系,地质情况简单,地层层序明确,无断层、褶皱等复杂地质构造。该区域一共分为四个统(Qh、Qp_3、Qp_2、Qp_1),13 个段(Qh_3、Qh_2、Qh_1、Qp_3^5、Qp_3^4、Qp_3^3、Qp_3^2、Qp_3^1、Qp_2^2、Qp_2^1、Qp_1^3、Qp_1^2、Qp_1^1),详细的标准地层如表 8-1 所示。

表 8-1 长江三角洲重点地区第四系标准地层

地质时代		年龄/Ka	年代地层		代号	
全新世	晚	0~2.5	全新统	上	Qh	Qh_3
	中	2.5~7.5		中		Qh_2
	早	7.5~11		下		Qh_1
更新世	晚	11~128	更新统	上	Qp_3	Qp_3^5
						Qp_3^4
						Qp_3^3
						Qp_3^2
						Qp_3^1
	中	128~780		中	Qp_2	Qp_2^2
						Qp_2^1
	早	780~2600		下	Qp_1	Qp_1^3
						Qp_1^2
						Qp_1^1

8.7.2 数据统计特征

本实验以自上而下的四个地层 Qh_3、Qh_2、Qh_1、Qp_3^5 的下界面(后文以"Qh_3、Qh_2、Qh_1、Qp_3^5 地层面"简称)作为研究对象,利用相邻地层的地层面采样数据去修正精确度较低的界面模型。研究区共有 47 个钻孔(图 8-16),其中有 39 个钻孔的样本数据在相同位置上含有 Qh_3、Qh_2、Qh_1 地层面的位置信息,有 23 个钻孔的样本数据在相同位置上含有 Qh_2、Qh_1、Qp_3^5 地层面的位置信息。根据这些钻孔数据计算的 Qh_3、Qh_2、Qh_1、Qp_3^5 地层面高程值统计直方图如图 8-17 和图 8-18 所示。为了便于标注,在图中分别以 z_1、z_2、z_3、z_4 指代 Qh_3、Qh_2、Qh_1、Qp_3^5 的地层下界面高程。

图 8-16 研究区钻孔分布图

Qh_3、Qh_2、Qh_1、Qp_3^5 地层面高程值的数值分布如图 8-19 所示。

由统计样本数据可知,Qh_3、Qh_2 地层面高程值的秩相关系数为 0.456,Qh_2、Qh_1 地层面高程值的秩相关系数为 0.606,Qh_1、Qp_3^5 地层面高程值的秩相关系数为 0.399。

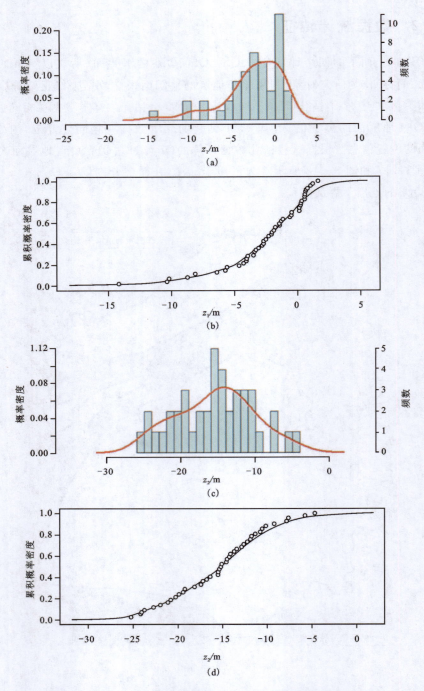

图 8-17 Qh_3、Qh_2 地层面高程统计直方图和边际概率分布

(a)Qh_3 地层面高程统计直方图(红线为根据样本数据拟合的概率密度函数);(b)Qh_3 地层面高程样本数据拟合累积概率密度函数;(c)Qh_2 地层面高程统计直方图(红线为根据样本数据拟合的概率密度函数);(d)Qh_2 地层面高程样本数据拟合累积概率密度函数。

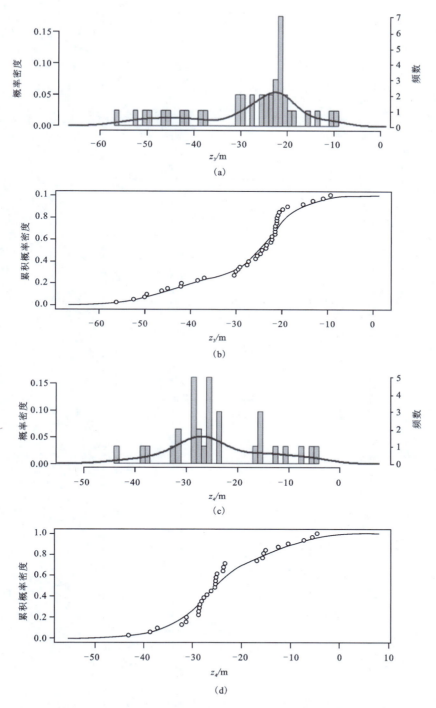

图 8-18 Qh_1、Qp_3^5 地层面高程统计直方图和边际概率分布

(a)Qh_1 地层面高程统计直方图(红线为根据样本数据拟合的概率密度函数);(b)Qh_1 地层面高程样本数据拟合累积概率密度函数;(c)Qp_3^5 地层面高程统计直方图(红线为根据样本数据拟合的概率密度函数);(d)Qp_3^5 地层面高程样本数据拟合累积概率密度函数。

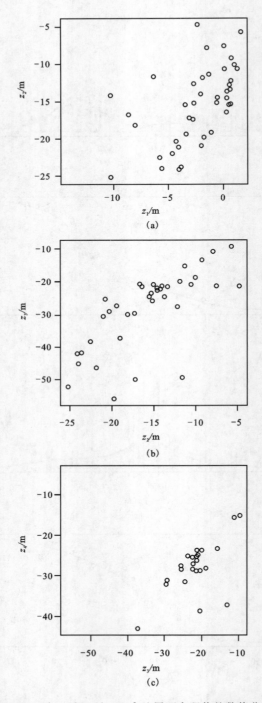

图 8-19 Qh_3、Qh_2、Qh_1、Qp_3^5 地层面高程值的数值分布图
(a)Qh_3 地层面(横轴)与 Qh_2 地层面(纵轴)高程值分布图;(b)Qh_2 地层面(横轴)与 Qh_1 地层面(纵轴)高程值分布图;(c)Qh_1 地层面(横轴)与 Qp_3^5 地层面(纵轴)高程值分布图。

8.7.3 地层面相关结构建模

本实验以长江三角洲滨海平原区全新统自上而下的三个相邻地层 Qh_3、Qh_2、Qh_1 的下界面为研究对象,以该地区第四系钻孔数据为实验材料,利用空间 R 藤 Copula 方法同时考虑地层内部空间自相关和地层间的互相关作用,对由 Qh_3、Qh_2、Qh_1 地层组成的多地层空间邻域相关结构进行建模。

根据长江三角洲滨海平原区的地质情况构建共有 12 个变量的空间 R 藤模型。每个地层含四个变量,表示一个待求位置 (x_0, y_0) 和同地层邻域内最近的三个采样位置 (x_1, y_1)、(x_2, y_2)、(x_3, y_3)。如图 8-20 所示,定义在待求位置 (x_0, y_0) 上,Qh_1 地层面高程变量编号为 1,该地层面内其他位置 (x_1, y_1)、(x_2, y_2)、(x_3, y_3) 上的变量按距离待求位置 (x_0, y_0) 的远近,由近及远分别编号为 2、3、4;在待求位置 (x_0, y_0) 上,Qh_2 地层面高程变量编号为 5,该地层面内其他位置 (x_1, y_1)、(x_2, y_2)、(x_3, y_3) 上的变量按距离待求位置 (x_0, y_0) 的远近,由近及远分别编号为 6、7、8;在待求位置 (x_0, y_0) 上,Qh_3 地层面高程变量编号为 9,该地层面内其他位置 (x_1, y_1)、(x_2, y_2)、(x_3, y_3) 上的变量按距离待求位置 (x_0, y_0) 的远近,由近及远分别编号为 10、11、12;除变量 5 为待求变量,其他变量均视为条件变量。整个 R 藤是由 84 个二维 Copula 构成的藤状结构。第一层树由三个空间 Copula 系统(图 8-20 中的红色线段连接部分)和两个互相关 Copula(图 8-20 中的蓝色线段连接部分)构成。三个空间 Copula 系统各对应一个地层,每个空间 Copula 系统由九个二维

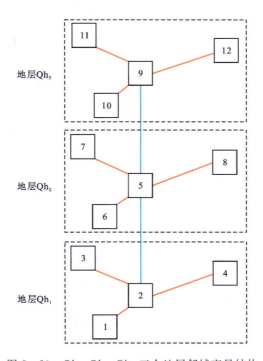

图 8-20 Qh_3、Qh_2、Qh_1 三个地层邻域变量结构

Copula线性加权混合得到,描述各地层的空间自相关。三个地层之间的互相关利用两个二维非空间 Copula 描述。第 2~11 层树则直接采用 55 个二维非空间 Copula 描述变量间的条件相关结构。

在此实验中,根据藤 Copula 的结构组织策略,选取相关性强的变量作为条件节点,我们根据自相关或互相关起主导(相关性更强)作用的原则,设定两种不同的树结构组织策略:①相比于地层间的互相关,变量受空间自相关的影响更大(简称 A 策略);②变量受地层间的互相关作用的影响更大(简称 B 策略)。事实上,根据三个地层之间互相关的强弱,策略①还可以分为两种情况,即根据中层与上层和下层之间的变量受哪两个地层间的互相关作用影响更强,将中层与下层间互相关更强的藤结构定义为 B(1),中层与上层间互相关更强的藤结构定义为 B(2)。

根据地质规则和知识指定三种固定模式的 12 个变量 R 藤结构矩阵分别如下。

$$\boldsymbol{M}_R^A = \begin{bmatrix} 4 & & & & & & & & & & & \\ 12 & 3 & & & & & & & & & & \\ 11 & 12 & 3 & & & & & & & & & \\ 10 & 11 & 12 & 1 & & & & & & & & \\ 9 & 10 & 11 & 12 & 8 & & & & & & & \\ 8 & 9 & 10 & 11 & 12 & 7 & & & & & & \\ 7 & 8 & 9 & 10 & 11 & 12 & 6 & & & & & \\ 6 & 7 & 8 & 9 & 10 & 11 & 12 & 5 & & & & \\ 5 & 6 & 7 & 8 & 9 & 10 & 11 & 12 & 10 & & & \\ 3 & 5 & 6 & 7 & 9 & 10 & 11 & 12 & 11 & & & \\ 2 & 2 & 5 & 6 & 6 & 7 & 9 & 10 & 11 & 12 & 9 & \\ 1 & 1 & 1 & 5 & 5 & 5 & 5 & 9 & 9 & 9 & 12 & 9 \end{bmatrix} \quad (8-60)$$

$$\boldsymbol{M}_R^{B(1)} = \begin{bmatrix} 4 & & & & & & & & & & & \\ 12 & 12 & & & & & & & & & & \\ 8 & 8 & 8 & & & & & & & & & \\ 11 & 11 & 11 & 11 & & & & & & & & \\ 3 & 3 & 3 & 3 & 3 & & & & & & & \\ 7 & 7 & 7 & 7 & 7 & 7 & & & & & & \\ 10 & 10 & 10 & 10 & 10 & 10 & 10 & & & & & \\ 2 & 2 & 2 & 2 & 2 & 2 & 2 & 2 & & & & \\ 6 & 6 & 6 & 6 & 6 & 6 & 6 & 6 & 6 & & & \\ 9 & 1 & 1 & 1 & 1 & 1 & 1 & 1 & 9 & & & \\ 5 & 5 & 1 & 5 & 1 & 5 & 1 & 5 & 1 & 1 & 5 & \\ 1 & 9 & 5 & 9 & 5 & 9 & 5 & 9 & 5 & 1 & 1 & 1 \end{bmatrix} \quad (8-61)$$

$$M_R^{B(2)} = \begin{bmatrix} 12 & & & & & & & & & \\ 4 & 4 & & & & & & & & \\ 8 & 8 & 8 & & & & & & & \\ 3 & 3 & 3 & 3 & & & & & & \\ 11 & 11 & 11 & 11 & 11 & & & & & \\ 7 & 7 & 7 & 7 & 7 & 7 & & & & \\ 2 & 2 & 2 & 2 & 2 & 2 & 2 & & & \\ 10 & 10 & 10 & 10 & 10 & 10 & 10 & 10 & & \\ 6 & 6 & 6 & 6 & 6 & 6 & 6 & 6 & 6 & \\ 1 & 9 & 1 & 9 & 1 & 1 & 9 & 1 & 1 & \\ 5 & 5 & 9 & 5 & 5 & 5 & 5 & 9 & 9 & 5 \\ 9 & 1 & 5 & 1 & 9 & 1 & 9 & 5 & 9 & 9 \end{bmatrix} \quad (8-62)$$

本实验中，A、B(1)和 B(2)三种不同策略的对数似然度分别为 139.03、133.12、138.74。按照最大似然准则，选取 A 策略对应的各级树作为本区域的 R 藤结构，即以空间自相关为核心的 M_R^A 矩阵[式(8-60)]作为 R 藤组织结构。依据最大似然准则，利用钻孔数据计算与三个地层的最佳匹配的二维 Copula 族，并估计 Copula 参数，得到 Qh_3、Qh_2、Qh_1 三个地层相关结构模型。

8.7.4 多地层结构联合不确定性分析

基于 8.7.3 节得到三个地层空间 R 藤 Copula 相关结构模型，本节对带有约束的多地层结构联合不确定性分析进行了实验。当地层结构带有条件约束 D 时，Qh_3、Qh_2、Qh_1 三个地层面的高程变量 z_1、z_2、z_3 的联合不确定性可以用概率 $P(z_{1_{\min}} \leqslant z_1 \leqslant z_{1_{\max}}, z_{2_{\min}} \leqslant z_2 \leqslant z_{2_{\max}}, z_{3_{\min}} \leqslant z_3 \leqslant z_{3_{\max}} | D)$ 来描述。本节对 Qh_3、Qh_2、Qh_1 三个地层面在不同约束下处于不同形态的情况分别设置了多个场景并进行了联合不确定性分析。每个场景均包含三个地层面 Qh_3、Qh_2、Qh_1，每个地层面有三个已知位置的接触点 (x_1, y_1)、(x_2, y_2)、(x_3, y_3)作为条件约束，通过估计在此约束下，Qh_3、Qh_2、Qh_1 三个地层面在 (x_0, y_0) 位置上不确定性区间的联合概率，分析该场景的不确定性。场景如图 8-21 所示，图中圆圈为样本点，黑色实心点处的地层面位置信息为设定的条件约束 D，三角形所处位置即为待估计位置 (x_0, y_0)。

约束条件 D：假设在位置 $(x_1, y_1) = (337\,000, 3\,410\,000)$ 处，Qh_3、Qh_2、Qh_1 地层面的高程值分别为 $-2.86m$、$-16.99m$ 和 $-33.10m$；在位置 $(x_2, y_2) = (355\,000, 3\,430\,000)$ 处，Qh_3、Qh_2、Qh_1 地层面的高程值分别为 $-2.48m$、$-16.10m$ 和 $-32.66m$；在位置 $(x_3, y_3) = (332\,000, 3\,435\,000)$ 处，Qh_3、Qh_2、Qh_1 地层面的高程值分别为 $-3.29m$、$-14.67m$ 和 $-28.84m$。

Qh_3、Qh_2、Qh_1 地层面在位置 $(x_0, y_0) = (340\,000, 3\,425\,000)$ 处时，高程 z_1、z_2、z_3 在不确定性区间 $(-5.63m \leqslant z_1 \leqslant 0.37m, -20.37m \leqslant z_2 \leqslant -10.37m, -38.68m \leqslant z_3 \leqslant -22.68m)$ 被划分为八个场景，如表 8-2 所示。通过 8.5.2 节所述的基于空间 R 藤的多地

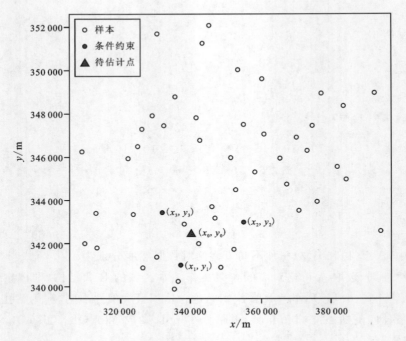

图 8-21 场景变量位置分布示意图

层联合概率计算方法,可以计算得到各场景的未归一化概率 P_{un}。

虽然概率 $P_{un}(S_i)(i=1,\cdots,8)$ 未进行归一化,但是由于其条件 D 不变,都对应了相同的归一化尺度,故可以通过比较未归一化概率 $P_{un}(S_i)$ 来对比不同场景出现的可能性。由实验结果可知,相比而言,场景 S_3 的出现概率最高,场景 S_5 的出现概率最低。

表 8-2 各场景概率

场景	高程 z_1、z_2、z_3 不确定性区间	未归一化概率 P_{un}
S_1	$-5.63\text{m}\leqslant z_1\leqslant-2.63\text{m}$, $-20.37\text{m}\leqslant z_2\leqslant-15.37\text{m}$, $-38.68\text{m}\leqslant z_3\leqslant-30.68\text{m}$	4.27×10^{-5}
S_2	$-2.63\text{m}\leqslant z_1\leqslant 0.37\text{m}$, $-20.37\text{m}\leqslant z_2\leqslant-15.37\text{m}$, $-38.68\text{m}\leqslant z_3\leqslant-30.68\text{m}$	8.67×10^{-5}
S_3	$-2.63\text{m}\leqslant z_1\leqslant 0.37\text{m}$, $-15.37\text{m}\leqslant z_2\leqslant-10.37\text{m}$, $-38.68\text{m}\leqslant z_3\leqslant-30.68\text{m}$	2.23×10^{-4}
S_4	$-2.63\text{m}\leqslant z_1\leqslant 0.37\text{m}$, $-15.37\text{m}\leqslant z_2\leqslant-10.37\text{m}$, $-30.68\text{m}\leqslant z_3\leqslant-22.68\text{m}$	2.08×10^{-4}
S_5	$-5.63\text{m}\leqslant z_1\leqslant-2.63\text{m}$, $-20.37\text{m}\leqslant z_2\leqslant-15.37\text{m}$, $-30.68\text{m}\leqslant z_3\leqslant-22.68\text{m}$	2.15×10^{-6}
S_6	$-5.63\text{m}\leqslant z_1\leqslant-2.63\text{m}$, $-15.37\text{m}\leqslant z_2\leqslant-10.37\text{m}$, $-30.68\text{m}\leqslant z_3\leqslant-22.68\text{m}$	1.30×10^{-4}
S_7	$-5.63\text{m}\leqslant z_1\leqslant-2.63\text{m}$, $-15.37\text{m}\leqslant z_2\leqslant-10.37\text{m}$, $-38.68\text{m}\leqslant z_3\leqslant-30.68\text{m}$	1.06×10^{-4}
S_8	$-2.63\text{m}\leqslant z_1\leqslant 0.37\text{m}$, $-20.37\text{m}\leqslant z_2\leqslant-15.37\text{m}$, $-30.68\text{m}\leqslant z_3\leqslant-22.68\text{m}$	4.82×10^{-6}

利用 8.5.2 节所提方法,可以在指定的不确定性区间中找到概率密度最大的区间段并

将它作为最可能出现的场景。本实验将 Qh_3、Qh_2、Qh_1 地层面的三个高程变量 z_1、z_2、z_3 的不确定性区间（$-5.63m \leqslant z_1 \leqslant 0.37m$，$-20.37m \leqslant z_2 \leqslant -10.37m$，$-38.68m \leqslant z_3 \leqslant -22.68m$）按每个变量各自等分为 10 个小区间，对细分区间经过排列组合，共得到 $10 \times 10 \times 10 = 1000$ 种组合，对每种组合场景对应的概率密度进行计算，得到该区间内概率密度最大的细分区间段 $-1.43m \leqslant z_1 \leqslant -0.83m$，$-16.37m \leqslant z_2 \leqslant -17.37m$，$-38.68m \leqslant z_3 \leqslant -37.08m$。即如果出现条件 D，在位置 (x_0, y_0) 处，在区间（$-5.63m \leqslant z_1 \leqslant 0.37m$，$-20.37m \leqslant z_2 \leqslant -10.37m$，$-38.68m \leqslant z_3 \leqslant -22.68m$）范围内，1、2、3 号地层面高程最可能同时出现的情况是 $-1.43m \leqslant z_1 \leqslant -0.83m$，$-16.37m \leqslant z_2 \leqslant -17.37m$，$-38.68m \leqslant z_3 \leqslant -37.08m$。

在 8.7.4 节实验中，与利用地质属性的概率场表示不确定性的方法（见 7.5 节）相比，多地层联合概率模型包含前者的分析功能，但是更关注多个位置间信息的传递。与 IDW 等确定性建模方法相比，多地层联合概率模型在分析地层结构不确定性方面，可以分析带有不确定性约束的模糊事件。与基于克里格方差得到的正态分布及其置信区间模型相比，多地层联合概率模型可以分析增加条件约束后，多空间位置属性的条件不确定性与联合不确定性。与传统模拟方法相比，多地层联合概率模型可以直接利用不确定性区间描述带有模糊性的场景事件，克服了基于条件模拟的不确定性分析需要模拟的次数较多才能保证事件统计概率准确性的局限性。

基于空间 R 藤 Copula 的多地层相关结构建模实际上是利用地质知识构建图模型描述多地层空间邻域的相关结构，除了地层内部的空间自相关，地层间的接触关系也在图模型中得以体现。图模型中节点与边的结构保留了地层的层序和接触信息，这对应了样本数值之外的地质知识，因此，相比基于单地层数据的空间插值方法，空间 R 藤 Copula 对地质信息的利用更加充分，其描述的空间相关结构更加准确。同时需要指出，因为数据的误差和稀疏性、地质现象的随机性以及研究方法自身的局限性，局部地层形态分析的结果与实际结果可能是有偏差的，地层形态分析结果是用概率表达不同几何形态的可能性，而实际结果往往是一个确定的已发生事件。局部地层形态分析不能代替全面、真实的实际调查。

8.8　讨论与小结

针对目前单点地质结构不确定性分析的局限性，笔者发展了一种空间 R 藤 Copula 多地层联合建模方法。首先利用基于秩的空间统计学方法分析沉积场景中地层内的空间自相关和地层间的互相关结构，然后借助藤 Copula 和空间 Copula 理论构建包含多位置、多地层的沉积地层相关结构模型，最后通过构建多地层空间邻域的 R 藤 Copula 模型计算不同情况下地层空间结构和几何形态的概率，分析地层局部结构形态的不确定性。笔者以长江三角洲滨海平原区的钻孔数据为例，基于空间 R 藤 Copula 多地层联合建模方法对包含三个地层的复杂地质场景进行了联合不确定性分析。空间 R 藤 Copula 多地层联合建模方法让涉及多位置、多地层的联合不确定性分析成为可能，从而对地质结构的各种可能形态可以做出定量化的推测,扩展了地质不确定性评估的应用场景,为生产决策提供更准确、更全面的评估和预测服务。

参考文献

董立宽,方斌,王晨歌,2018. 基于 Copula 函数的茶园土壤铜锌空间协同效应研究[J]. 自然资源学报,33(5):867 – 878.

何树红,黄振雄,郑尚平,2023. 基于 Copula 模型的云南省地质灾害风险评估研究[J]. 云南大学学报(自然科学版),45(2):256 – 265.

杨炜明,郭益敏,2019. 基于贝叶斯估计的空间 Pair-Copula 预测模型及应用[J]. 统计与决策,35(10):67 – 71.

杨炜明,李勇,2016. 基于 Copula 函数的空间统计模型估计与应用[J]. 统计与决策(10):19 – 21.

郭益敏,杨炜明,2017. 基于 Pair-Copula 函数的空间预测模型及其应用[J]. 重庆工商大学学报(自然科学版),34(3):17 – 20.

AAS K. CZADO C, FRIGESSI A, et al. , 2009. Pair-Copula constructions of multiple dependence[J]. Insurance Mathematics & Economics(44):182 – 198.

ADDO E, CHANDA E K, METCALFE A V, 2019. Spatial Pair-Copula model of grade for an anisotropic gold deposit[J]. Mathematical Geosciences,51:553 – 578.

AGHAKOUCHAK A, BÁRDOSSY A, HABIB E, 2010. Conditional simulation of remotely sensed rainfall data using a non-Gaussian v-transformed Copula[J]. Advances in Water Resources,33(6):624 – 634.

BÁRDOSSY A, 2006. Copula-based geostatistical models for groundwater quality parameters[J]. Water Resources Research,42(11):1 – 12.

BÁRDOSSY A, LI J, 2008. Geostatistical interpolation using Copulas[J]. Water Resources Research,44(7):1349 – 1357.

BÁRDOSSY A, HÖRNING S, 2017. Process-driven direction-dependent asymmetry:identification and quantification of directional dependence in spatial fields[J]. Mathematical Geosciences,49(7):871 – 891.

CHEN X, FAN Y, TSYRENNIKOV V, 2006. Efficient estimation of semi-parametric multivariate Copula models[J]. Journal of the American Statistical Association,101(475), 1228 – 1240.

CZADO C, SCHEPSMEIER U, MIN A, 2012. Maximum likelihood estimation of mixed C-vines with application to exchange rates[J]. Statistical Modelling,12(3):229 – 255.

COOKE R M, 2002. Vines:a new graphical model for dependent random variables[J].

Annals of Statistics,30(4):1031–1068.

EMBRECHTS P,MCNEIL A J,STRAUMANN D,1999. Correlation and dependence in risk management: properties and pitfalls, risk management: value at risk and beyond[M]. Cambridge:University of Cambridge.

GRÄLER B,2014. Modelling skewed spatial random fields through the spatial vine Copula[J]. Spatial Statistics(10):87–102.

GRÄLER B,PEBESMA E,2011. The Pair-Copula construction for spatial data:a new approach to model spatial dependency[J]. Procedia Environmental Sciences(7):206–211.

HU L,2006. Dependence patterns across financial markets:a mixed Copula approach[J]. Applied Financial Economics,16(10):717–729.

IYENGAR S,1997. Multivariate models and dependence concepts[J]. Technometrics,40(4):353–353.

JOURNEL A G,DEUTSCH C V,1997. Rank order geostatistics:a proposal for a unique coding and common processing of diverse data[C]//Baafi E Y,Schoolfield N A. Geostatistics Wollongong'96. Netherlands:Kluwer Academic Publishers,174–187.

KAZIANKA H,PILZ J,2010. Copula-based geostatistical modeling of continuous and discrete data including covariates[J]. Stochastic Environmental Research & Risk Assessment,24(5):661–673.

LI J,2010. Applicaton of Copulas as a new geostatistical tool [D]. Stuttgart:Universität Stuttgart zur Erlangung der Würde eines.

NELSEN R B,2007. An Introduction to Copulas[M]. Berlin:Springer.

POMIAN-SRZEDNICKI I,2001. Calculation of geological uncertainties associated with 3-D geological models[D]. Switzerland:Ecole Polytechnique Fédérale de Lausanne.

9 结语

9 结　语

地质体三维建模是一门涉及数学地质、勘探地质学、地球物理、地理信息系统、科学可视化等多项研究领域的新型交叉性学科，是地球科学与信息科学的高度综合，有着重要的理论意义和应用价值。针对矿山企业和地勘部门在建模过程中遇到的建模方法传统、模型应用单一、模型评价困难等问题，笔者在矿山三维多模型构建、属性模型与结构模型的不确定性研究方面做了些许研究及探索工作。受作者研究水平及时间限制，提出的解决方案和思路仅局限在粗略框架内，对涉及的许多问题仍需进一步的研究、论证及完善。结合本书的研究内容以及今后的发展方向，笔者在该领域后续工作中将在以下几个方面开展进一步研究与探索。

(1) 地质体三维模型构建过程中，需要大量的空间插值计算，无论是估值还是模拟算法，都要求矿体具有空间连续特征。因此，进一步研究不连续地质体的空间信息预测技术在三维地学模拟领域有着重要的实用价值和意义。

(2) 矿山多模型构建方法是基于语义尺度提出的，所建立的矿山三维模型同样具备时间尺度和空间尺度意义，对在三维建模实现过程中对同一地质体的多尺度表达需要更深入的探索和研究。

(3) 信息熵等基于标量参量的不确定性表达方法，在动态表达矿地质结构模型不确定性各向异性方面存在不足。下一步将基于矢量参量，对地质结构模型的不确定性分析开展进一步探索研究。

(4) 有研究表明，人类的认知行为与经典贝叶斯规则并不相符。一些关于社会科学的调查统计结果显示，人类的很多认知表现与量子贝叶斯规则的预言相符。随着对认知不确定性研究的深入，基于经典贝叶斯的不确定性整合方法或许需要重新考虑主观认识中的"纠缠"效应。将人类认知的量子贝叶斯规则和 Copula 理论在联合概率建模上的优势加以结合，或许可以为传统地质统计学和人类认知不确定性研究找到新的结合点。

(5) 基于知识和规则指定的 R 藤结构与实际数据的相关性检验结果可能存在偏差。原因是我们采用的地质统计方法的基本假设可能与实际存在差异，如何化解实测数据与理论方法的冲突是一个需要考虑的问题。